乌恰野生植物

主　编	杨赵平　周禧琳　韩占江
副主编	张　玲　柴春强　张　挺
主　审	李　攀　杨宗宗
顾　问	傅承新

参编人员（按工作量排序）

曾思维　李海文　王凤娇

韦秋雨　侯亚欣　菅佳鑫

刘香楠　宋世强　吴家驹

图书在版编目（CIP）数据

乌恰野生植物 / 杨赵平等主编. -- 杭州 ： 浙江大
学出版社，2025. 6. -- ISBN 978-7-308-26117-3

Ⅰ. Q948.524.54

中国国家版本馆CIP数据核字第2025DA2238号

乌恰野生植物

WUQIA YESHENG ZHIWU

杨赵平　等　主编

责任编辑　秦　瑕

责任校对　徐　霞

封面设计　周　灵

出版发行　浙江大学出版社
　　　　　（杭州市天目山路148号　邮政编码310007）
　　　　　（网址：http://www.zjupress.com）

排　　版　杭州林智广告有限公司

印　　刷　杭州宏雅印刷有限公司

开　　本　787mm×1092mm　1 / 16

印　　张　23

字　　数　574千

版 印 次　2025年6月第1版　2025年6月第1次印刷

书　　号　ISBN 978-7-308-26117-3

定　　价　168.00元

新疆乌恰县地处中国最西端，与吉尔吉斯斯坦接壤，以山地地形为主，天山山脉和昆仑山脉在此交会，形成了塔里木盆地中降水和植物种类分布较为丰富的区域。乌恰特殊的地形和气候孕育了独特的植物区系，例如，费尔干鹤虱、硬苞刺头菊和假九眼菊在世界上仅在乌恰有分布，为乌恰特有种；乌恰贝母、块茎银莲花、密丛拟耧斗菜、河滩岩黄芪、灰白芹叶荠、浩罕彩花、丝茎蒻蓄、南疆新塔花、丛生刺头菊、藏新风毛菊、矮小苓菊、喀什风毛菊、帕米尔合耳菊、宽叶臭阿魏和大叶四带芹等 15 个物种在中国仅见于乌恰；此外，乌恰还分布有一些国家重点保护野生植物，如毛蕊郁金香、乌恰贝母、沙冬青、锁阳、甘草、软紫草和黑果枸杞等。

然而，乌恰地理位置偏僻，是我国植物多样性调查最为不足的地区之一，许多类群的相关信息仍存在空白。乌恰县的区域面积达 2.2 万平方千米，居民主要以放牧为生。近年来，由于全球气候变暖、不合理利用以及过度放牧等，草场退化日益严重，这对野生植物的生存构成了重大威胁。在新疆"向南发展"大方针政策的引导下，乌恰县已新修筑多条公路，许多此前无法到达的地方已可到达，但也给保护带来了新的挑战，亟需对境内的野生植物资源开展全面、系统的调查和编目工作。

为此，作者团队连续 4 年、10 次在乌恰县开展野生维管植物调查，采集植物标本1400 余号 5000 余份、照片 2 万余张及 DNA 分子材料 1000 余份。团队发现了 1 个中国新记录属——秋水仙属（*Colchicum*），首次在中国采集到中亚羽裂叶荠（*Smelowskia annua*）的标本，还发现了 163 个乌恰新记录种。本书共收录了 346 个种的精美图片，包括前述的新记录类群、3 个乌恰特有种及 15 个中国仅在乌恰有分布的物种。在这些物种中，有 94 种具有药用价值，如异齿红景天、锁阳、刺山柑、喜马拉雅沙参等；此外，还有一些具有很高观赏价值的物种，如毛蕊郁金香、野罂粟、瞿麦、欧亚马先蒿等。书中物种的形态特征、物候、分布地主要参考《新疆植物志》《中国植物志》和作者实际观察。药用价值参考植物志、药典和其他文献。书中的"国家 1 级"或"国家 2 级"基于 2021 年 9 月 7 日中国国家林业和草原局、农业农村部联合公布的《国家重点保护野生植物名录》；"自治区 1 级"或"自治区 2 级"基于新疆维吾尔自治区林业和草原局2024 年 1 月 18 日公布的《新疆维吾尔自治区重点保护野生植物名录》。书中物种的排

FOREWORD

序蕨类植物分类采用PPGⅠ系统，裸子植物分类采用GPGⅠ系统，被子植物分类采用APGⅣ系统。物种中文名称参考在线中国自然标本馆（Chinese Field Herbarium，CFH），部分CFH未收录的参考《新疆植物志》；拉丁学名参考中国植物志英文版（*Flora of China*，FOC）和世界植物在线（Plants of the World Online，POWO）。

本书的出版得到"兵团英才"第二周期第二层次培养人才项目，兵团英才青年项目，国家大科学装置——中国西南野生生物种质资源库—塔里木盆地野生植物种质资源的调查、收集与保存（WGB-2204），第三次新疆综合科学考察"干旱区生物标本数字化与信息共享网络"子课题"塔里木大学标本数字化与信息共享"（2022xjkk150509），应用生物科学兵团级一流本科专业建设项目和塔里木盆地生物资源保护利用省部共建国家重点实验室培养基地科普项目（2024CD003-4-1）的资助。

由于作者时间和水平有限，书中难免有错误和不当之处，敬请广大读者批评指正。

杨赵平

2025 年 5 月于塔里木大学

C O N T E N T S　目　录

C O N T E N T S

C O N T E N T S

C O N T E N T S

C O N T E N T S

乌恰野生植物

C O N T E N T S

001 光岩蕨 *Woodsia glabella* R. Br. ex Richardson（乌恰新记录）

岩蕨科 Woodsiaceae　岩蕨属 *Woodsia*

形态特征: 多年生草本，高达 10 cm。根状茎短而直立，连同叶柄基部密被宽披针形、棕褐色全缘鳞片。叶簇生，草质，无毛；叶柄纤细，禾秆色，无毛，光滑或基部以上疏生披针形鳞片，近基部具关节；叶片条状披针形，先端渐尖，基部稍变狭，二回羽裂，羽片 8～10 对；下部羽片扇形，先端钝圆，基部宽圆形，裂片狭扇形，顶端具粗齿；中部羽片长圆形，先端短渐尖，基部稍不对称。孢子囊群生于侧脉背上；囊群盖碟状，边缘撕裂成丝状裂片。

分布: 我国新疆乌恰、乌鲁木齐、昌吉、玛纳斯、乌苏分布；吉林、内蒙古、河北、甘肃有分布。日本、西伯利亚、欧洲及北美也有。

生境: 针叶林或针阔叶混交林下的岩石缝隙中。

利用价值: 观赏；保持水土。

（杨赵平　摄）

002 问荆 *Equisetum arvense* L.

木贼科 Equisetaceae　问荆属 *Equisetum*

形态特征: 多年生草本, 高达 35 cm。根状茎横走, 黑棕色。茎二型, 生孢子囊穗的生殖茎, 春季由根状茎生出, 淡黄褐色, 无叶绿素, 具 10 ～ 12 条浅棱肋, 圆柱形, 不分枝, 顶端钝; 孢子散后能育枝枯萎; 不育枝后萌发, 主枝绿色, 主枝中部以下有分枝, 枝轮生, 侧枝柔软纤细。叶退化, 叶鞘筒漏斗形, 鞘齿质厚, 棕褐色, 2 ～ 3 个小齿连合成三角形齿。孢子囊穗有柄, 长椭圆形; 孢子叶六角盾形, 下面生有 6 ～ 8 枚孢子囊。

分布: 我国新疆广布; 西北、华北、东北、华中各地有分布。北半球温带和寒带其他国家也有。

生境: 荒漠河、湖岸边, 直至山地河谷、林缘、林中空地。

利用价值: 全草可入药, 且有清热、利尿、止血、止咳、消肿的功效, 主治尿路感染及各种出血症; 幼枝可食用; 观赏; 保持水土。

（杨赵平 摄）

003 雪岭云杉 *Picea schrenkiana* Fisch. & C. A. Mey.

松科 Pinaceae　云杉属 *Picea*

形态特征: 乔木, 高达 40 m。树皮暗褐色, 块片状开裂; 树冠圆柱形或窄尖塔形, 小枝下垂, 一两年生枝呈淡灰黄色或淡黄色; 冬芽圆锥状卵形, 淡黄褐色, 微有树脂。叶四棱状条形, 横切面菱形, 四面均有气孔线。球果成熟前绿色, 椭圆状圆柱形或圆柱形; 种鳞倒三角形, 先端圆, 基部阔楔形; 苞鳞长圆状倒卵形, 长约 3 mm。种子斜卵圆形, 种翅淡褐色, 倒卵形, 先端圆, 宽 5 ~ 6 mm。花期 5—6 月, 球果 9—10 月成熟。

分布: 我国新疆巴尔鲁克山、阿拉套山、天山和西昆仑山有分布。中亚地区也有。

生境: 中山和亚高山草甸、草甸草原。

利用价值: 材用; 保持水土。

（杨赵平、张挺　摄）

004 新疆方枝柏 *Juniperus pseudosabina* Fisch. & C. A. Mey.

柏科 Cupressaceae　刺柏属 *Juniperus*

形态特征: 匍匐灌木。枝干弯曲或直,沿地面平铺或斜上伸展;皮灰褐色,裂成薄片脱落,侧枝直立或斜伸,小枝直或微成弧状弯曲,方圆形或四棱形;2～3回分枝。鳞叶交叉对生,先端微钝或微尖,腹面微凹曲,背面拱圆或钝脊,中部有矩圆形或宽椭圆形的腺体,腺体通常明显,或鳞叶排列紧密而不明显;刺叶仅生于幼树或出现在树龄不大的树上,近披针形,交叉对生或三叶交叉轮生,先端渐尖。雌雄同株,球果卵圆形或宽椭圆状卵圆形,熟时呈淡褐黑色或蓝黑色,被或多或少的白粉,有1粒种子;种子卵圆形或椭圆形。花期5—6月,球果第二年成熟。

分布: 我国天山、阿尔泰山和准噶尔西部山地分布。

生境: 中山、亚高山至高山带林缘、灌丛和石坡。

利用价值: 自治区2级保护植物。园林绿化;保持水土。

（杨赵平　摄）

005 灰麻黄 *Ephedra glauca* Regel

麻黄科 Ephedraceae　麻黄属 *Ephedra*

形态特征： 直立小灌木，高达 80 cm。茎外皮淡灰色，被蜡粉，光滑，具浅沟纹，节上伸出小枝。叶片 2 枚，联合成鞘，狭三角形或狭长圆形，常具横纹。雄球花椭圆形至长圆形，对生或轮生于节上；基部具一对近水平或微下弯、背部淡绿色的总苞片；两边各具一枚基部连合、边缘膜质、背部淡绿色、具棱脊的舟形苞片；内含 3 花，中间 1 花最大，常不育，两侧各 1，较小，可育；从第二对苞片开始，两边各 1 花；雌球花含 2 粒种子。花期 6 月，球果 8 月成熟。

分布： 我国新疆广布；青海、甘肃和内蒙古有分布。吉尔吉斯斯坦和塔吉克斯坦也有。

生境： 荒漠砾石阶地、黄土状基质冲积扇、冲积堆、干旱石质山脊、冰积漂石坡地、石质陡峭山坡。

利用价值： 自治区 2 级保护植物。茎枝可提取麻黄碱，供药用；保持水土。

（杨赵平　摄）

006 膜果麻黄 *Ephedra przewalskii* Stapf

麻黄科 Ephedraceae　麻黄属 *Ephedra*

形态特征: 灌木,高达 100 cm。茎皮灰黄色或灰白色,纤维状纵裂成窄椭圆形网眼;茎上部具多数分枝,老枝黄绿色,小枝绿色,形成假轮生状,生小枝 9～20 或更多。叶通常 3 裂,裂片三角形。雄球花常无梗,多数密集成团状复穗花序,对生或轮生于节上;雄球花近圆球形,苞片膜质,雄蕊 7～8。雌球花淡绿色或淡红褐色,近圆球形,苞片 4～5 轮,每轮 3 片,干燥膜质,离生,最上一轮或一对苞片各生 1 雌花,胚珠窄卵圆形,伸于苞片之外;雌球花成熟时苞片增大成干燥、半透明的薄膜状。种子通常 3 粒。花期 5—6 月,球果 7—8 月成熟。

分布: 我国新疆广布;西北各地及内蒙古有分布。蒙古也有。

生境: 石质荒漠和沙地。

利用价值: 保持水土;骆驼食用后有中毒现象。

(杨赵平　摄)

007 细子麻黄 *Ephedra regeliana* Florin

麻黄科 Ephedraceae 麻黄属 *Ephedra*

形态特征: 小灌木,高达 10 cm。地上部分木质茎不明显,自基部多分枝。叶 2 片,对生,膜质鞘状,下部约 1/2 合生,裂片宽三角形,基部常带褐红色。雄球花生于小枝上部,常单生于侧枝顶端,椭圆形;苞片多 4～6 对,基部苞片近卵圆形,上部窄;中肋绿色,稍厚,呈条带状,苞片约 1/2 合生,假花被较苞片长,倒卵状楔形;雄蕊 6～7,常伸出苞片之外甚多。雌球花在节上对生,或数个成丛生于枝顶,雌花 2;苞片常 3 对,下面 2 对约 1/2 以下合生;成熟时肉质红色。种子通常 2 粒,藏于苞片内。花期 5—6 月,球果 7—8 月成熟。

分布: 我国新疆广布。吉尔吉斯斯坦、塔吉克斯坦、阿富汗、印度北部也有。

生境: 平原砾石戈壁,干旱低山坡至高山石坡、石缝。

利用价值: 果实可用于治疗消化不良、胃痛;保持水土。

(杨赵平 摄)

008 海韭菜 *Triglochin maritimum* L.

水麦冬科 Juncaginaceae　水麦冬属 *Triglochin*

形态特征： 多年生湿生草本。叶基生，条形，基部具鞘，鞘缘膜质。花葶直立，圆柱形，无毛；总状花序顶生，无苞片；花被片 6，2 轮，绿色，外轮宽卵形，内轮较窄；雄蕊 6，无花丝；雌蕊由 6 枚合生心皮组成。蒴果六棱状椭圆形或卵圆形，成熟时 6 瓣裂，顶部联合。花果期 6—10 月。

分布： 我国新疆广布；东北、华北、西北、西南各地有分布。北半球温带和南美洲也有。

生境： 河、湖等水边沼泽化草甸和盐渍化沼泽草甸。

利用价值： 优良饲草。

（杨赵平　摄）

009 水麦冬 *Triglochin palustris* L.

水麦冬科 Juncaginaceae　水麦冬属 *Triglochin*

形态特征：多年生湿生草本，植株弱小。叶基生，条形，基部具鞘，鞘缘膜质。花葶直立，细长，圆柱形，无毛；花序总状，无苞片；花被片 6，2 轮，绿紫色，椭圆形或舟形；雄蕊 6，近无花丝；雌蕊由 3 枚合生心皮组成。蒴果棒状条形，成熟时由下向上 3 瓣裂，顶部联合。花果期 6—10 月。

分布：我国新疆广布；东北、华北、西北、西南各地有分布。不丹、印度、日本、哈萨克斯坦、韩国、吉尔吉斯斯坦、蒙古、尼泊尔也有。

生境：河、湖等水边沼泽化草甸和盐渍化沼泽草甸。

利用价值：可用于消炎、止泻；优良饲草。

（杨赵平　摄）

010 乌恰秋水仙 *Colchicum kesselringii* Regel（中国新记录属）

秋水仙科 Colchicaceae　秋水仙属 *Colchicum*

形态特征： 多年生草本，高达 5 cm。球茎卵球形至长圆形，被深棕色膜质鞘，鞘向上延长，成 1～4 cm 长的筒部；叶 2～5，与花同时出现，条形，先端锐尖至钝。花通常 1～2 朵，白色，外被蓝紫色的条纹。花筒长、窄，长达 6 cm；花被片披针形，顶端钝，长 2～3 cm；雄蕊短于花被；花柱 3，离生，丝状，与雄蕊等长或长于雄蕊；子房长圆柱形，3 室。蒴果 3 裂，长约 15 mm。种子卵形，褐色。花果期 5—7 月。

分布： 我国新疆乌恰有分布。塔吉克斯坦、吉尔吉斯斯坦、巴基斯坦也有。

生境： 山间草地。

利用价值： 含有秋水仙碱等三种生物碱，具有药用价值；观赏；保持水土。

（杨赵平、李攀　摄）

011 乌恰贝母 *Fritillaria ferganensis* A. Los.（中国仅在乌恰有分布）

百合科 Liliaceae　贝母属 *Fritillaria*

形态特征： 多年生草本。具鳞茎且由 2 枚鳞片组成。除最下部一对叶先端略弯曲（不卷曲）外，其余叶先端明显卷曲。花单朵，顶生，狭钟状，下垂；花被片外面淡绿色，内面具紫色小方格，先端紫色；叶状苞片 3 枚，线形，先端螺旋状卷曲；蜜腺窝在背面明显凸出，几乎成直角；雄蕊长约为花被片的一半至 2/3 长，花药近基着，黄色；柱头裂片长 2 ～ 3 mm。蒴果具翅。花果期 4—7 月。

分布： 我国新疆乌恰有分布。中亚也有。

生境： 山坡阴处灌丛林中。

利用价值： 国家 2 级保护植物。含有生物碱、西贝素等，可供药用；观赏。

（杨赵平　摄）

012 镰叶顶冰花 *Gagea fedtschenkoana* Pasch.（乌恰新记录）

百合科 Liliaceae　顶冰花属 *Gagea*

形态特征： 多年生草本，植株高 4～10 cm。全株暗绿色。鳞茎卵圆形，茎皮褐黄色，近革质。基生叶 1 枚，条形，呈镰刀形弯曲，正面具凹槽，背面有龙骨状脊。花 2～5，伞形花序或伞房花序；总苞片狭披针形，长于花序；花被片条形或窄矩圆形，内面淡黄色，外面绿色或污紫色，边缘黄色；雄蕊长约为花被片的 2/3；子房矩圆形，花柱长为子房的 2 倍。蒴果三棱状倒卵形，长为宿存花被的 1/2。种子矩圆形，红棕色。花果期 4—5 月。

分布： 我国新疆南部乌恰、新疆北部广布。中亚也有。

生境： 亚高山草甸、灌丛、林缘和草原凹地等。

利用价值： 观赏；保持水土。

（杨赵平　摄）

013 钝瓣顶冰花 *Gagea fragifera* (Vill.) E. Bayer et G. López（乌恰新记录）

百合科 Liliaceae 顶冰花属 *Gagea*

形态特征： 多年生草本。鳞茎卵圆形，皮褐黄色，纸质，无附属小鳞茎。基生叶 1～2 枚，半圆筒状，中空，条形。花 3～5，成伞形花序；花梗具疏柔毛；总苞片宽披针形，与花序近等长或稍短；花被片近窄矩圆形，内面黄色，外面黄绿色；雄蕊长为花被片的一半，花药矩圆形；子房矩圆形，花柱与子房近等长。蒴果三棱状倒卵形，长为宿存花被的一半。花果期4—5月。

分布： 我国新疆南部乌恰、北部伊宁地区分布。中亚地区分布。

生境： 山地潮湿林缘和沙质河漫滩草甸等处。

利用价值： 观赏；保持水土。

（杨赵平　摄）

014 新疆顶冰花 *Gagea neopopovii* Golosk.（乌恰新记录）

百合科 Liliaceae 顶冰花属 *Gagea*

形态特征： 多年生草本，植株高 8 ～ 12 cm。鳞茎窄卵形，茎皮棕褐色，膜质，上端延伸成圆筒状并紧密抱茎，无附属小鳞茎。基生叶 1 枚，条形，上端稍镰刀状弯曲，无毛；茎生叶 3 ～ 4 枚，下面的 1 枚稍宽于基生叶，但较短，上面的渐小，边缘具缘毛。花单生，很少为 2 朵；花梗无毛；花被片窄矩圆形或条形，内面黄色，外面常为暗污紫红色，先端钝圆；雄蕊花药矩圆形；子房矩圆形，花柱长为子房的 2 倍，柱头稍 3 裂。

分布： 我国新疆南部乌恰、叶城，北部沙湾有分布。中亚山地。

生境： 亚高山草原。

利用价值： 观赏；保持水土。

（李攀 摄）

015 洼瓣花 *Gagea serotina* (L.) Ker Gawl.（乌恰新记录）

百合科 Liliaceae　顶冰花属 *Gagea*

形态特征： 多年生草本，植株高达 20 cm。鳞茎窄卵形，向上端延伸，上部开裂。花 1 ～ 2，白色，有紫斑，内面近基部常有凹穴，稀无；雄蕊长为花被片的 1/2 ～ 3/5，花丝无毛；子房近长圆形或窄椭圆形，花柱与子房近等长，柱头微 3 裂。蒴果近倒卵圆形，略有 3 钝棱，花柱宿存。种子近三角形，扁平。

分布： 我国新疆天山山脉及北部各山区有分布；西北、西南、西北、华北、东北各地也有。中亚也有。

生境： 亚高山草甸及高山草甸。

利用价值： 观赏；保持水土。

（杨赵平　摄）

016 细弱顶冰花 *Gagea tenera* Pasch.（乌恰新记录）

百合科 Liliaceae　顶冰花属 *Gagea*

形态特征：多年生草本。鳞茎卵球形；鳞茎皮暗棕褐色，近革质，内有若干窄卵形小鳞茎。基生叶1枚，中空，条形，无毛；茎生叶2～3枚，下面的2枚狭披针形，稍宽于基生叶，基部半抱茎，上部的较狭小，近苞片状，边缘具缘毛。花2～3（～5），排成伞房花序；花梗无毛；花被片窄矩圆形或窄椭圆状条形，先端钝，内面黄色，外面黄绿色；雄蕊长为花被片的2/3，花药矩圆形；子房矩圆形，稍长于花柱，柱头不明显3裂。花果期4—5月。

分布：我国新疆南部乌恰、北部山区广布。中亚也有。

生境：山地草原和山前平原。

利用价值：观赏；保持水土。

（杨赵平　摄）

017 毛蕊郁金香 *Tulipa dasystemon* (Regel) Regel

百合科 Liliaceae 郁金香属 *Tulipa*

形态特征： 多年生草本。鳞茎较小；鳞茎皮纸质，内面上部多少有伏毛。茎无毛。叶2枚，条形，伸展。花单朵顶生，鲜时乳白色或淡黄色，干后变黄色；外花被片背面紫绿色，内花被片背面中央有紫绿色纵条纹，基部有毛；雄蕊3长3短，花丝有的仅基部有毛，有的几乎全部有毛；花药具紫黑色或黄色的短尖头；雌蕊短于或等长于短的雄蕊；花柱长约2 mm。蒴果矩圆形，有较长的喙。花果期4—5月。

分布： 我国新疆乌恰、察布查尔有分布。中亚也有。

生境： 亚高山及高山山地阳坡。

利用价值： 国家2级保护植物。观赏；保持水土。

（杨赵平 摄）

018 掌裂兰 *Dactylorhiza hatagirea* (D. Don) Soó

兰科 Orchidaceae 掌裂兰属 *Dactylorhiza*

形态特征：多年生草本。块茎肉质，下部 3～5 掌状分裂。叶互生，长圆形、披针形或线状披针形，基部鞘状抱茎。花序圆柱状；苞片披针形；花蓝紫色、紫红色或玫瑰红色；中萼片直立，舟状或卵状长圆形；侧萼片张开，斜卵状披针形或卵状长圆形；花瓣直立，斜卵状披针形；唇瓣前伸，卵形、宽菱状横椭圆形或近圆形，基部具距。花期 6—8 月。

分布：我国新疆广布；西北、黑龙江、吉林、内蒙古、四川西部和西藏东部有分布。巴基斯坦、阿富汗、不丹、蒙古、哈萨克斯坦、俄罗斯西伯利亚至欧洲北部也有。

生境：中、低山沼泽，河滩草甸，河林下草地，盐渍化草甸。

利用价值：块茎可入药，具有补肾益精、理气止痛之功效；观赏。

（杨赵平 摄）

019 马蔺 *Iris lactea* var. *chinensis* (Fisch.) Koidz

鸢尾科 Iridaceae　鸢尾属 *Iris*

形态特征：多年生密丛草本。根状茎粗壮，木质；须根粗而长，黄白色，少分枝。叶基生，灰绿色，条形或狭剑形，基部鞘状，带红紫色。花茎光滑，高 3～10 cm；苞片 3～5 枚，草质，绿色，边缘白色，披针形；花为浅蓝色、蓝色或蓝紫色，花被上有较深色的条纹；花梗长 4～7 cm；外花被裂片倒披针形；内花被裂片窄倒披针形；雄蕊 6；子房纺锤形。蒴果长椭圆状柱形，顶端有短喙。种子为不规则的多面体，棕褐色，略有光泽。花果期 5—9 月。

分布：我国新疆广布；吉林、内蒙古、青海、西藏有分布。阿富汗、印度北部、中亚、蒙古、韩国和俄罗斯也有。

生境：生于荒地、路旁及山坡草丛。

利用价值：种子入药可作口服避孕药，根可清热解毒、利尿通淋、活血消肿；饲用，为优良的饲草；工业纤维；观赏。

（杨赵平　摄）

020 天山鸢尾 *Iris loczyi* Kanitz

鸢尾科 Iridaceae　鸢尾属 *Iris*

形态特征：多年生密丛草本。折断的老叶叶鞘宿存于根状茎上，棕色或棕褐色；具块状或根状茎，暗棕褐色。叶质地坚韧，直立，狭条形，基部鞘状。花茎较短，不伸出或略伸出地面，基部常包有披针形膜质的鞘状叶；苞片 3 枚，草质；花蓝紫色；花被管甚长，丝状，长达 10 cm。外花被裂片倒披针形或狭倒卵形，爪部略宽，内花被裂片倒披针形；雄蕊长约 2.5 cm；花柱分枝长约 4 cm，子房纺锤形。果实长倒卵形，顶端有短喙，苞片宿存。花果期 5—8 月。

分布：我国新疆天山和昆仑山有分布；西北、内蒙古、四川和西藏有分布。中亚也有。

生境：阴坡或半阳坡高山湿草原及山地荒漠草原、草地。

利用价值：观赏；保持水土。

（杨赵平　摄）

021 阿尔泰独尾草 *Eremurus altaicus* (Pall.) Stev.（乌恰新记录）

阿福花科 Asphodelaceae　　独尾草属 *Eremurus*

形态特征： 多年生草本。茎无毛或有疏短毛。叶无毛，边缘平滑。花葶 60～120 mm，总状花序 20～30 mm；苞片披针形，中脉暗褐色，浅色边缘，膜质；花梗上端有关节；花被窄钟形，淡黄色或黄色，有的后期变为黄褐色或褐色；花被片长约 1 mm，下部有 3 脉，到中部合成 1 脉，花凋谢时花被片顶端内卷，到果期又从基部向后反折；花丝比花被长，明显外露。蒴果平滑，通常带绿褐色。种子三棱形，两端有不等宽的窄翅。花果期 5—8 月。

分布： 我国新疆天山山脉和北部山区有分布。中亚、西西伯利亚及蒙古也有。

生境： 高山山地草原及草甸草原，以砾石坡及阳坡谷地多。

利用价值： 观赏；保持水土。

（杨赵平　摄）

022 镰叶韭 *Allium carolinianum* DC.（乌恰新记录）

石蒜科 Amaryllidaceae　葱属 *Allium*

形态特征： 多年生草本。具不明显的直生根状茎。鳞茎单生或 2～3 枚，狭卵状；外皮褐色至黄褐色，革质，顶端破裂，常呈纤维状。叶宽条形，扁平，光滑，常呈镰状弯曲，比花葶短。花葶高达 60 cm，下部具叶鞘；总苞常带紫色，2 裂，近与花序等长，宿存；伞形花序球状；小花梗长约为花被片的 2 倍；花紫红色至白色；花被片狭矩圆形，内外两轮，内轮常稍长或与外轮近等长；花丝锥形，比花被片长，基部合生并与花被片贴生；子房近球状，基部具凹陷的蜜腺。花果期 6—9 月。

分布： 我国新疆南部乌恰、库车、塔什库尔干、叶城，北部高山区广布；甘肃、青海和西藏有分布。中亚也有。

利用价值： 食用；优良牧草；保持水土。

（杨赵平　摄）

023 滩地韭 *Allium oreoprasum* Schrenk

石蒜科 Amaryllidaceae 葱属 *Allium*

形态特征： 多年生草本。鳞茎簇生，近狭卵状圆柱形；外皮黄褐色，破裂成纤维状，呈清晰的网状。叶狭条形，比花葶短，有时仅达花葶的一半高。花葶圆柱状，高达 40 cm，下部被叶鞘；总苞单侧开裂或 2 裂，宿存；伞形花序近扫帚状，少花，松散；小花梗近等长，是花被片长的 2.5 ～ 4 倍，基部具小苞片；花淡红色至白色；花被片具深紫色中脉，倒卵状椭圆形，先端具一反折的对褶小尖头，内轮的常短而宽；柱头 3 浅裂，花柱不伸出花被外，子房近球状。花果期 6—8 月。

分布： 我国新疆山区广布；西藏西部有分布。中亚也有。

生境： 中低山阳面山坡、滩地、河谷阶地或砾石质戈壁。

利用价值： 食用；优良牧草；保持水土。

（杨赵平　摄）

024 石坡韭 *Allium petraeum* Kar. & Kir.（乌恰新记录）

石蒜科 Amaryllidaceae　葱属 *Allium*

形态特征: 多年生草本。鳞茎长圆锥形或近于圆锥形，外皮淡褐色。叶 4～5，丝状，光滑，稍短于茎。总苞宿存，具喙，长度是伞形花序的 3～5 倍；伞形花序球形，密集；花淡黄色，花被片背部叶脉淡绿色或深绿色，长卵圆形；花丝基部合生并与花被片贴生，花柱伸出花被片。花果期 6—7 月。

分布: 我国新疆南部乌恰，北部玛纳斯、沙湾、霍城有分布。中亚也有。

生境: 低山石质坡地。

利用价值: 食用；优良牧草；保持水土。

（杨赵平　摄）

025 宽苞韭 *Allium platyspathum* Schrenk（乌恰新记录）

石蒜科 Amaryllidaceae　　葱属 *Allium*

形态特征： 多年生草本，高达 80 cm。鳞茎单生或数枚簇生，外皮褐紫色或黑色，膜质或纸质。茎圆柱形，基部具短的根状茎。叶条状，扁平，短于茎或稍长于茎，弯曲，但不呈镰刀形。总苞 2 裂，与花序近等长，初时紫色，后变无色或淡紫色。伞形花序球状或半球状，具密集的花；花紫红色至淡红色；花被片披针形至条状披针形，外轮稍短；花丝等长，锥形，是花被片长度的 1 至 2.5 倍，基部合生并与花被片贴生。花果期 6—8 月。

分布： 我国新疆天山及北部各山区广布。中亚也有。

生境： 中高山山地草原、草甸。

利用价值： 食用；优良牧草；保持水土。

（杨赵平　摄）

026 类北葱 *Allium schoenoprasoides* Regel（乌恰新记录）

石蒜科 Amaryllidaceae　葱属 *Allium*

形态特征： 多年生草本。鳞茎近球状或宽卵状；外皮紫黑色至黑色，膜质，不破裂。叶 2 ～ 3 枚，半圆柱状，上面具沟槽，比花葶短。花葶高达 40 cm，1/3 ～ 1/2 被叶鞘；伞形花序球状，具多而密集的花；小花梗近等长，比花被片短或近等长，基部无小苞片，或小苞片少。花紫红色，花被片矩圆状披针形；花丝为花被片长度的 1/3 ～ 1/2，内轮花丝卵状矩圆形，外轮锥形；子房卵状球形，柱头略膨大，花柱不伸出花被外。花果期 7—8 月。

分布： 我国新疆南部乌恰、和静、和硕、库车，北部山区广布。中亚也有。

生境： 高山和亚高山地带的山坡或草甸。

利用价值： 食用；优良牧草；保持水土。

（杨赵平　摄）

027 折枝天门冬 *Asparagus angulofractus* Iljin

天门冬科 Asparagaceae　天门冬属 *Asparagus*

形态特征： 直立草本，高 30 ～ 80 cm。茎和分枝平滑，稍回折状，有时分枝有不明显的条纹。叶状枝每 1 ～ 5 枚成簇，通常平展或下倾，近扁的圆柱形；鳞片状叶基部无刺。花通常每 2 朵腋生，淡黄色；雄花花梗、花被近等长，关节位于近中部或上部；花丝中部以下贴生于花被片上；雌花花梗常比雄花的稍长，关节位于上部或紧靠花被基部。花果期 5—8 月。

分布： 我国新疆南部天山、昆仑山山脚，北部玛纳斯、霍城、伊宁有分布。中亚也有。

生境： 平原荒漠及半固定的沙丘上。

利用价值： 观赏；保持水土。

（杨赵平　摄）

028 栗花灯芯草 *Juncus castaneus* Sm.（乌恰新记录）

灯芯草科 Juncaceae 灯芯草属 *Juncus*

形态特征： 多年生草本，高达 40 cm。具匍匐根状茎。茎圆柱形，基部被少量浅褐色鳞片状叶鞘。叶多基生，条形，长达 25 cm，通常对折或内卷，平滑，无毛。头状花序，5～8 花，3～4 个头状花序再组成聚伞花序；总苞片叶状，长于花序；小苞片膜质，披针形，与花近等长；花被片披针形，尖，紫褐色。蒴果三棱状长圆形。种子两端具 1 mm 的白色针状附器。花果期 6—9 月。

分布： 我国新疆南部天山区域有分布；宁夏有分布。

生境： 中、高海拔河谷沼泽草甸及水溪边。

利用价值： 工业纤维。

（杨赵平 摄）

029 矮生嵩草 *Carex alatauensis* S. R. Zhang

莎草科 Cyperaceae　薹草属 *Carex*

形态特征: 多年生草本,密丛生,高达 20 cm。根状茎短,具三钝棱,基部有较多的枯死叶鞘。叶基生,片状,外层分裂成纤维状,长达 3 cm,窄披针形。穗状花序含小穗 4～10 个,顶生,椭圆形,长达 1.5 cm,棕褐色。顶生花为雄性,侧生花雄雌顺序。鳞片宽卵形至长椭圆形,褐色,具狭的白色膜质边缘,沿脊部有淡色条纹,中部绿色,有 3 条脉。柱头 3 枚。小坚果倒卵圆形或倒卵状长圆形,具短喙。花果期 7—8 月。

分布: 我国新疆广布;西藏、青海、甘肃、宁夏、河北及四川有分布。中亚也有。

生境: 亚高山、高山山坡和山谷地草甸、高寒草甸。

利用价值: 优良饲草;保持水土。

(杨赵平　摄)

030 大桥薹草 *Carex atrata* subsp. *aterrima* (Hoppe) S. Y. Liang（乌恰新记录）

莎草科 Cyperaceae　薹草属 *Carex*

形态特征： 多年生草本，高达 80 cm。具短粗而密集的根状茎；秆三棱形。基部叶鞘无叶，紫褐色；叶扁平，稍粗糙，短于秆。小穗 4 ～ 7 枚，聚集成束，疏松具短柄；顶生小穗为雌性或雄性，交互而生，其余小穗为雌性。果囊椭圆形，紫锈色，基部具不明显的脉，近于无柄，顶端急收缩成为二齿裂的短喙。

分布： 我国新疆天山、阿尔泰山、准噶尔西部山地和帕米尔高原有分布。蒙古、中亚和西伯利亚也有。

生境： 亚高山及高山河谷、湖滨及沼泽草甸。

利用价值： 优良饲草；保持水土。

（杨赵平　摄）

031 无脉薹草 *Carex enervis.* C. A. Mey.

莎草科 Cyperaceae　薹草属 *Carex*

形态特征： 多年生草本，具根状茎，匍匐。秆高 10～30 cm，三棱形，基部具紫褐色的叶鞘。叶扁平，短于秆，灰绿色。苞片刚毛状或鳞片状；小穗多数，雄雌顺序，聚集成卵形穗状花序；雌花鳞片长圆状宽卵形，具短尖，淡褐色，具白色膜质边缘，中脉 1 条；柱头 2 个，花柱基部不膨大。果囊与鳞片近等长，平凸状，纸质，禾秆色至锈色，先端渐尖成中等长的喙，喙口白色膜质，具 2 齿裂。小坚果紧包于果囊中，椭圆状倒卵形，浅灰色，具锈色花纹。花果期 6—8 月。

分布： 我国新疆各山系有分布；东北、西北、华北、西南及西藏也有分布。蒙古、中亚和西伯利亚也有。

生境： 高山和亚高山草甸及水边湿草地。

利用价值： 优良饲草；保持水土。

（杨赵平　摄）

032 黑花薹草 *Carex melanantha* C. A. Mey.

莎草科 Cyperaceae　薹草属 *Carex*

形态特征: 多年生草本,高达 30 cm。根状茎匍匐粗壮。茎三棱形,基部具淡褐色的老叶鞘。叶短于或近等长于秆,近革质。苞片最下部的刚毛状,无鞘,上部鳞片状;小穗 3～6 个,密生呈头状,顶生 1 个雄性小穗,卵形;侧生小穗雌性;柱头 3,花柱基部不膨大。果囊短于鳞片,长圆形或倒卵形,三棱形,革质,麦秆黄色,上部暗紫红色,脉不明显,基部具短柄,顶端急缩成短喙,喙口微凹;小坚果倒卵形,淡黄褐色。花果期 6—8 月。

分布: 我国新疆天山、阿尔泰山、准噶尔西部山地和帕米尔高原有分布。蒙古、中亚和西伯利亚也有。

生境: 亚高山及高山草甸、山坡阴处。

利用价值: 优良饲草;保持水土。

（杨赵平　摄）

033 黍状薹草 *Carex panicea* L.（乌恰新记录）

莎草科 Cyperaceae　薹草属 *Carex*

形态特征: 多年生草本,高达 40 cm。根状茎具细长的匍匐枝。秆直立,钝三棱形。叶质硬,扁平,短于秆。下部苞片具长达 1 cm 的鞘,叶状,是它上面小穗的 3 倍以上长;小穗 2～4,顶部为雄小穗,棒状。雄花鳞片卵形,锈色;其余为雌小穗,长圆形。雌花鳞片卵形,深褐色至锈色,短于果囊;柱头 3。果囊卵形,三棱状、膨大,黄绿色。花果期 6—8 月。

分布: 我国新疆南部乌恰、北部新源和布克赛尔有分布。中亚、西伯利亚和欧洲也有。

生境: 山地河谷沼泽化草甸。

利用价值: 优良饲草;保持水土。

（杨赵平　摄）

034 冰草 *Agropyron cristatum* (L.) Gaertn.

禾本科 Poaceae　冰草属 *Agropyron*

形态特征： 多年生草本植物，高达 75 cm。秆成疏丛，有时分蘗横走或下伸成为根茎。叶片质较硬而粗糙，常内卷，叶脉上密被微小短硬毛。穗状花序较粗壮，矩圆形或两端微窄。小穗紧密平行排列成两行，整齐呈篦齿状；颖舟形，脊上连同背部脉间被长柔毛，具略短于颖体的芒。外稃被有稠密的长柔毛或显著被稀疏柔毛，顶端具短芒；内稃脊上具短小刺毛。花果期 7—9 月。

分布： 我国新疆天山、阿尔泰山和准噶尔西部山地有分布；西北、东北、华北和西藏也有分布。蒙古、中亚和西伯利亚也有。

生境： 生于干燥草地、山坡、丘陵以及荒漠草原、高寒草原等。

利用价值： 优良饲草；保持水土。

（杨赵平　摄）

035 沿沟草 *Catabrosa aquatica* (L.) P. Beauv. (乌恰新记录)

禾本科 Poaceae　　沿沟草属 *Catabrosa*

形态特征： 多年生草本，须根细。秆直立，基部有横卧或斜升的长匍匐茎，于节处生根。叶鞘闭合达中部，上部者短于节间；叶舌透明膜质；叶片两面光滑无毛，顶端呈舟形。圆锥花序开展；分枝斜升，在基部各节多成半轮生，基部裸露，或具排列稀疏的小穗。小穗绿色、褐绿色或褐紫色，含小花 1～3；颖半透明膜质。外稃边缘及脉间质薄，顶端截平，具隆起 3 脉，光滑无毛；内稃与外稃近等长，具 2 脊，无毛。颖果纺锤形。花果期 4—8 月。

分布： 我国新疆天山、阿尔泰山和准噶尔西部山地有分布；西北、西南及西藏也有分布。欧洲大陆和美洲的温带地区也有。

生境： 中低山地，溪水旁、河旁、池沼周围。

利用价值： 优质牧草；保持水土。

（杨赵平　摄）

036 岷山鹅观草 *Elymus durus* (Keng) S. L. Chen（乌恰新记录）

禾本科 Poaceae　披碱草属 *Elymus*

形态特征: 多年生草本，高达 80 cm。秆成疏丛或单生，直立，节有时带紫色而常具白霜，有时下部节处常膝曲而肿胀；基部叶鞘有时可被倒生柔毛。叶片扁平或内卷，上面微粗糙或稀疏被短毛，下面较平滑，有的基部叶两面均具柔毛。穗状花序下垂；小穗绿色，含小花 3～4 或 5～7，可带紫色，具短柄；颖披针形，先端尖或渐尖或具小尖头；外稃披针形，具明显的 5 脉，背部贴生微刺毛，或脉上具短硬毛；内稃与外稃几等长或略短，脊上具硬纤毛，脊间被微毛。花药黑色。

分布: 我国新疆天山和昆仑山布分；内蒙古、甘肃、青海、四川等地有分布。

生境: 高山及高寒草甸草原。

利用价值: 优良饲草；保持水土。

（杨赵平　摄）

037 阿拉套羊茅 *Festuca alatavica* (Hack. ex St.-Yves) Roshev.（乌恰新记录）

禾本科 Poaceae　羊茅属 *Festuca*

形态特征： 多年生草本，高达 80 cm。具短根状茎，密丛状。叶鞘平滑或微糙涩；叶舌平截，具短纤毛；叶片窄线形，纵卷或扁平，茎生叶长 2 ～ 6 cm，基生者长达 20 cm。圆锥花序开展；分枝孪生，1/2 ～ 2/3 以下裸露，上部疏生少数小穗。小穗含 4 ～ 5 小花；颖片背部平滑，顶端与边缘膜质，第一颖窄披针形，具 1 脉，第二颖宽披针形，具 3 脉，两侧脉不甚明显；外稃背部平滑或上部粗糙；内稃稍短于外稃；子房顶端被少量的毛茸。花果期 8—9 月。

分布： 我国新疆天山和阿尔泰山分布。喜马雅山西部以及中亚也有。

生境： 高山及高寒草甸、草原草甸。

利用价值： 优良饲草；保持水土。

（杨赵平　摄）

038 矮羊茅 *Festuca coelestis* (St.-Yves) V. I. Krecz. & Bobrov（乌恰新记录）

禾本科 Poaceae　羊茅属 *Festuca*

形态特征： 多年生密丛型草本，高达 20 cm。秆细弱，平滑无毛，基部宿存短的褐色枯鞘。叶鞘平滑；叶舌极短具纤毛；叶片纵卷呈刚毛状，较硬直，平滑无毛。圆锥花序分枝短，紧密呈穗状，微粗糙；小穗紫色或褐紫色，含 3～6 小花；颖片背部平滑，第一颖窄披针形，具 1 脉，下部边缘常具细短纤毛，第二颖宽披针形至倒卵形，具 3 脉；外稃背部平滑或上部常粗糙，顶端具芒，第一外稃长 3.5～4 mm；内稃具 2 脊，脊粗糙。花果期 6—9 月。

分布： 我国新疆天山、准噶尔西部山地、昆仑山、帕米尔高原有分布；西北、西南及内蒙古有分布。塔吉克斯坦、俄罗斯、中亚地区也有。

生境： 亚高山及高山坡草地、高山草甸、草原、灌丛、高山碎石、林缘、河滩等处。

利用价值： 优良饲草；保持水土。

（杨赵平　摄）

039 羊茅 *Festuca* ovina L.（乌恰新记录）

禾本科 Poaceae　羊茅属 *Festuca*

形态特征： 多年生密丛生草本，高达 40 cm。秆具条棱，直立，平滑无毛，或在花序下具微毛，或粗糙，基部残存枯鞘。叶鞘开口几达基部，秆生者远长于其叶片；叶舌截平，具纤毛；叶片内卷成针状。圆锥花序紧缩呈穗状；分枝粗糙，基部主枝长 1～2 cm，侧生小穗柄短于小穗；小穗淡绿色或紫红色，含 3～6 小花；小穗轴节间长约 0.5 mm，被微毛；颖片披针形，第一颖具 1 脉，第二颖具 3 脉；外稃背部粗糙或中部以下平滑，具 5 脉，顶端具芒，芒粗糙，内稃近等长于外稃，顶端微 2 裂，脊粗糙；子房顶端无毛。花果期 6—9 月。

分布： 我国新疆天山、阿尔泰山和准噶尔西部有分布；西北、东北、西南及山东、安徽有分布。欧亚大陆温带地区及北美温带也有。

生境： 亚高山及高山草甸、草原。

利用价值： 优良饲草；保持水土。

（杨赵平　摄）

040 紫大麦草 *Hordeum roshevitzii* Bowden（乌恰新记录）

禾本科 Poaceae　大麦属 *Hordeum*

形态特征： 多年生草本，高达 70 cm。具短根茎，密丛状。秆光滑无毛，具 3～4 节。基部叶叶鞘长于上部叶，短于节间；叶舌膜质；叶扁平，上面粗糙，下面较平滑。穗状花序绿色或带紫色；穗轴边具纤毛；三联小穗的两侧生者具短柄，颖及外稃刺芒状；中间小穗无柄；颖刺芒状；外稃披针形，背部光滑，先端具芒，内稃与外稃等长。花果期 6—8 月。

分布： 我国新疆天山和阿尔泰山有分布；西北及内蒙古有分布。日本、韩国、蒙古、俄罗斯、伊朗也有。

生境： 森林草甸、河草甸及沼泽草甸、河边、草地沙质土壤上。

利用价值： 优良饲草；保持水土。

（杨赵平　摄）

041 赖草 *Leymus secalinus* (Georgi) Tzvelev

禾本科 Poaceae　赖草属 *Leymus*

形态特征: 多年生草本，高达 100 cm。具横走的根茎，秆单生或丛生，光滑无毛或在花序下密被柔毛。叶鞘光滑无毛；叶舌膜质截平，扁平或内卷，上面及边缘粗糙或具短柔毛。穗状花序，灰绿色；穗轴被短柔毛，节与边缘被长柔毛；小穗含 4～10 小花；小穗轴贴生短毛；颖短于小穗，线状披针形，上半部边缘具纤毛，第一颖短于第二颖；外稃披针形，边缘膜质，先端渐尖或具短芒，背具 5 脉；内稃与外稃等长。花果期 6—10 月。

分布: 我国新疆广布；西北、东北及四川、河北、山西有分布。印度、日本、朝鲜、中亚和俄罗斯也有。

生境: 平原绿洲至高原盆地、谷地的低地草甸、河边以及田地边。

利用价值: 根茎或全草可入药，具有清热利湿、止血之功效，主治感冒、淋病、赤白带下、哮喘、鼻衄等。

（杨赵平 摄）

042 芨芨草 *Neotrinia splendens* (Trin.) M. Nobis, P. D. Gudkova & A. Nowak

禾本科 Poaceae 芨芨草属 *Neotrinia*

形态特征: 多年生草本,高达 2.5 m。植株具粗而坚韧、外被沙套的须根。秆内具白色髓,具 2 至 3 节,节多聚于基部,基部宿存枯萎的黄褐色叶鞘。叶鞘无毛,具膜质边缘;叶舌三角形或尖披针形,长达 15 mm;叶片纵卷。圆锥花序长达 60 cm,开花时呈金字塔形开展,2 ~ 6 枚簇生,平展或斜向上;小穗灰绿色,基部带紫褐色,成熟后常变草黄色;颖膜质,披针形,具 3 脉,厚纸质,顶端具 2 微齿,背部密生柔毛,具 5 脉,基盘钝圆,具柔毛,芒自外稃齿间伸出;内稃具 2 脉而无脊,脉间具柔毛。花果期 6—9 月。

分布: 我国新疆广布;西北、东北各省及内蒙古、山西、河北广布。蒙古、中亚和西伯利亚、欧洲也有。

生境: 生于高山微碱性的草滩、草原和荒漠中低地草甸、沙土山坡上,河流三角洲及扇缘低地等。

利用价值: 优良饲草;工业纤维;改良碱地,保持水土。

(杨赵平 摄)

043 高山梯牧草 *Phleum alpinum* L. (乌恰新记录)

禾本科 Poaceae　梯牧草属 *Phleum*

形态特征： 多年生草本，高达 40 cm。具短根茎。茎直立，基部倾斜，具纤维状的枯萎叶鞘。叶鞘松弛，无毛，下部长于节间，上部稍膨大，短于节间；叶舌膜质；叶片直立，常呈暗紫色。小穗扁压，长圆形，含 1 小花；颖具 3 脉，脊上具硬纤毛，顶端近平截，具短芒；外稃薄膜质，顶端钝圆，具 5 脉，脉上具微毛；内稃略短于外稃，两脊具微毛。颖果长圆形，短于稃。花果期 6—10 月。

分布： 我国新疆天山、阿尔泰山、准噶尔西部有分布；西北、东北、西南及台湾有分布。欧亚大陆北部和美洲也有。

生境： 高山和亚高山草甸、草地、灌丛、水边。

利用价值： 优良饲草；造纸；做绿肥。

（杨赵平　摄）

044　阿拉套早熟禾 *Poa albertii* Regel（乌恰新记录）

禾本科 Poaceae　早熟禾属 *Poa*

形态特征：多年生密丛型草本，高达 10 cm。秆直立，平滑或花序下微粗糙，基部为多数灰褐色枯萎叶鞘包藏。叶鞘微粗糙；叶舌长达 3.5 mm；叶片内卷或对折，两面微粗糙。圆锥花序紧密呈穗状，长达 3 cm，分枝短，粗糙。小穗披针形，长 3～4 mm，含 2～3 小花，堇褐色；颖具 3 脉，第 1、2 颖长约 2.5 和 3 mm。外稃披针形，边缘窄膜质，脊中部以下及边缘下部 1/3 具长柔毛，第一外稃长 3～3.5 mm；内稃稍短，脊具细纤毛，脉间被糙毛。花果期 6—8 月。

分布：我国新疆乌恰、塔什库尔干有分布。

生境：高寒草原及缓坡沙砾地。

利用价值：优质牧草。

（杨赵平　摄）

045 高山早熟禾 *Poa alpina* L.（乌恰新记录）

禾本科 Poaceae　早熟禾属 *Poa*

形态特征： 多年生草本，高达 40 cm。茎基部分枝，具短缩而下伸的根状茎，秆平滑。叶鞘光滑无毛；茎生叶有叶舌；叶片扁平或沿中脉对折，无毛，先端呈舟形。圆锥花序卵形，稠密，分枝孪生，光滑；小穗卵形，颖近于等长，宽卵形，质薄，边缘宽膜质，具明显的 3 脉；外稃宽卵形质薄，先端和边缘宽膜质，带紫色，具 5 脉，下部脉间遍生柔毛，中脉下部 2/3 与边脉中部以下具纤毛，上部具小锯齿而为粗糙。花果期 6—8 月。

分布： 我国新疆天山、阿尔泰山、准噶尔西部山地和帕米尔高原有分布；青海和西藏有分布。蒙古、中亚和西伯利亚也有。

生境： 高山和亚高山草甸、沼泽草甸及河谷草甸。

利用价值： 优质牧草。

（杨赵平　摄）

046 胎生鳞茎早熟禾 *Poa bulbosa* subsp. *vivipara* (Koeler) Arcang.（乌恰新记录）

禾本科 Poaceae　早熟禾属 *Poa*

形态特征： 多年生密丛型草本，高达 30 cm。茎直立，平滑无毛，基部具圆形或椭圆形鳞茎状加粗的营养枝。叶大多基生，对折或扁平。圆锥花序紧缩，卵形，分枝孪生，粗糙；小穗胎生，具 2～6 朵小花，带紫色，小穗中的花通常变为胎生小鳞茎；两颖近相等，宽卵形；外稃胎生，变为鳞茎状繁殖体，成熟后随风吹落，遇有条件萌发形成新植株。花果期 5—8 月。

分布： 我国新疆乌恰、巴里坤有分布。阿富汗、印度、非洲、西南亚及欧洲也有。

生境： 低山至高山河畔沙滩、果园荒地、荒漠草原放牧地。

利用价值： 优质牧草；保持水土。

（杨赵平　摄）

047 镰芒针茅 *Stipa caucasica* Schmalh.

禾本科 Poaceae 针茅属 *Stipa*

形态特征： 多年生密丛型草本。秆高达 30 cm，光滑无毛或在节下具细毛，基部宿存灰褐色枯叶鞘。叶鞘平滑无毛，短于节间；基生叶舌平截，秆生叶舌钝圆，边缘均具柔毛；叶片纵卷如针，基生叶为秆高的 2/3。圆锥花序狭窄，常包藏于顶生叶鞘内；颖披针形，先端丝芒状；外稃背部具条状毛，基盘尖锐，密被柔毛，芒一回膝曲扭转，芒柱具短柔毛，芒针长，呈手镰状弯曲、羽状毛从上向下，从外圈向内圈渐变短。花果期 4—6 月。

分布： 我国新疆天山、准噶尔西部、帕米尔高原和昆仑山有分布；西藏也有分布。波罗的海、中亚也有。

生境： 石质山坡和沟坡崩塌处、山麓地带的草原和荒漠草原。

利用价值： 荒漠草原早春饲料植物；保持水土。

（杨赵平、李攀 摄）

048 沙生针茅 *Stipa caucasica* subsp. *glareosa* (P. A. Smirn.) Tzvelev

禾本科 Poaceae　针茅属 *Stipa*

形态特征： 多年生草本，高可达 25 cm。须根粗韧，外具砂套。秆粗糙，具 1～2 节，基部宿存枯死叶鞘。叶鞘具密毛；基生与秆生叶舌短而钝圆，边缘具纤毛；叶片纵卷如针，下面粗糙或具细微的柔毛。圆锥花序常包藏于顶生叶鞘内，分枝简短，具 1 小穗；颖尖披针形，先端细丝状，基部具 3～5 脉，背部的毛呈条状，顶端关节处生 1 圈短毛，基盘密被柔毛，芒一回膝曲扭转，芒柱具柔毛，芒针长 3 cm，具柔毛；内稃与外稃近等长，具 1 脉。花果期 5—10 月。

分布： 我国新疆各大山系广布；西北、西藏、陕西、河北有分布。阿富汗、蒙古、中亚、俄罗斯和西伯利亚也有。

生境： 山前和山地的倾斜平原，石质山坡、丘间洼地、戈壁沙滩及河滩砾石地上。

利用价值： 营养价值高，含有较高的粗蛋白和粗脂肪，是一种催肥的优良牧草，但产量低。

（杨赵平、李攀　摄）

049 新疆黄堇 *Corydalis gortschakovii* Schrenk

罂粟科 Papaveraceae　紫堇属 *Corydalis*

形态特征： 多年生丛生灰绿色草本，高达 40 cm。根粗，紫黑色解索纤维状，根颈处有宿存的干叶柄。茎具棱，不分枝或少分枝。叶片长圆形，二回羽状全裂，卵圆形。总状花序，多花密集；花冠橙黄色，外花瓣具高而伸出瓣顶端的鸡冠状突起，上花瓣约与瓣片等长；内花瓣近匙形，具鸡冠状突起；雄蕊束近长圆形；子房长圆形，约与花柱等长；柱头扁四方形，具 2 短柱状突起。蒴果下弯，长圆形，具 2 列种子。种子 8～10 枚，黑亮。花果期 6—9 月。

分布： 我国新疆乌恰、霍城、温泉、新源有分布。哈萨克斯坦也有。

生境： 中高海拔云杉林缘或多石阴湿地、高山草原。

利用价值： 观赏；保持水土。

（杨赵平　摄）

050 喀什黄堇 *Corydalis kashgarica* Rupr.

罂粟科 Papaveraceae　紫堇属 *Corydalis*

形态特征： 多年生草本，高达 35 cm。地上成疏丛，育枝与不育叶丛并存，茎基被残存的枯叶柄。基生叶蓝色，二回羽状复叶，叶柄长且宿存；茎生叶同基生叶，向上简化并变小。总状花序，花稀疏，下部花单生于叶腋，苞片披针形；萼片 2，膜质，卵形，具齿；上花瓣距囊状，花瓣自中部上翘，上中部以下边缘膜质，下花瓣从中部外翘，内层花瓣片长为爪部的 2 倍，边缘膜质；雄蕊花丝宽，上花丝下部 2/5 与上花瓣相连，下花丝基部与下花瓣相连；柱头扁，4～5 个乳突。蒴果下垂，条状，开裂后胎座框宿存。种子黑色，扁压，近圆形。花期 6—7 月。

分布： 我国新疆乌恰、温宿、喀什、乌鲁木齐有分布。塔吉克斯坦也有。

生境： 生长在荒漠草原地带。

利用价值： 观赏；保持水土。

（杨赵平　摄）

051 长距元胡 *Corydalis Schanginii* (Pall.) B. Fedtsch.（乌恰新记录）

罂粟科 Papaveraceae   紫堇属 *Corydalis*

形态特征： 多年生草本，高达 40 cm。块根球形，13 cm。茎单一，直立，具 1 枚鳞片状叶。茎生叶蓝绿色，柄短，二回三出复叶，一回羽片柄长 1 ～ 3 cm，二回小叶中间叶最长，3 ～ 5 裂。总状花序疏松，含花 2 ～ 14；苞片全缘；花柄短于苞叶，果时稍长；萼片小，不显著；花冠大，红紫色，长 2 ～ 4 cm，距上翘，向末端渐细，急尖，向上弯曲，长 1.5 ～ 2.5 cm，长于花瓣 1.5 倍；花柱长 4 ～ 6 mm。蒴果线状披针形，展开，长约 2 cm。花果期 4—8 月。

分布： 我国新疆乌恰、阿勒泰、塔城、和布克赛尔、尼勒克、博乐、乌鲁木齐有分布。哈萨克斯坦也有。

生境： 石质山坡、高山草甸。

利用价值： 块茎含有多种生物碱，用于治疗行经腹痛等症。

（杨赵平　摄）

052 新疆海罂粟 *Glaucium squamigerum* Kar. & Kir.

罂粟科 Papaveraceae　海罂粟属 *Glaucium*

形态特征： 二年生或多年生草本，高达 40 cm。主根圆柱状。茎多数，不分枝，疏生白色刺毛。基生叶窄，倒披针形，大头羽状深裂，裂片具不规则锯齿，齿端具软骨质短尖头。花独立顶生，花蕾卵圆形，被鳞片状皮刺；花瓣近圆形或宽卵形，花瓣金黄色，易落；子房圆柱形，密被刺状鳞片，柱头 2 裂，无柄。蒴果线状圆柱形，具稀疏刺状鳞片，成熟时自基部向先端开裂；果梗粗壮。种子肾形，种皮呈蜂窝状，黑褐色。花果期 5—10 月。

分布： 我国新疆广布。哈萨克斯坦也有。

生境： 山坡砾石缝、路边碎石堆、荒漠地区石质山坡、山前平原、戈壁和丘陵。

利用价值： 观赏；保持水土。

（杨赵平　摄）

053 野罂粟 *Oreomecon nudicaulis* (L.) Banfi, Bartolucci, J.-M. Tison & Galasso （乌恰新记录）

罂粟科 Papaveraceae　　高山罂粟属 *Oreomecon*

形态特征：多年生草本，高达 50 cm。于根茎处分枝，地上成密丛。叶基生，卵形，羽状浅裂至全裂。花葶 1 至数枝，被刚毛，花单生花葶顶端；花蕾密被褐色刚毛；花瓣 4，具浅波状圆齿及短爪，淡黄至橙黄色，稀红色；花丝钻形；柱头 4 ～ 8，辐射状，具缺刻状圆齿。果窄倒卵圆形至倒卵状长圆形。种子近肾形，褐色，具条纹及蜂窝小孔穴。花果期 7—8 月。

分布：我国新疆天山山脉及新疆北部山区有分布；东北、华北、西北地区有分布。蒙古、西伯利亚也有。

生境：山坡草地或砾石地，森林到高山草甸。

利用价值：果实及全草含有黑水罂粟菲酮碱、黄连碱，可用于治疗神经性头痛、偏头痛、久咳、喘息、泻痢、便血、遗精、脱肛、胃炎和胃溃疡等；全草有毒，中毒后会导致心脏停搏、呕吐、昏迷；观赏。

（杨赵平　摄）

054 异果小檗 *Berberis heteropoda* Schrenk（乌恰新记录）

小檗科 Berberidaceae　小檗属 *Berberis*

形态特征： 灌木，高达 2 m。枝棕灰色或棕黑色，具条棱或槽，散生黑色疣点。茎刺三分叉，淡黄色，腹面扁平。叶厚纸质，披针形，基部楔形，中脉凹陷，背面淡绿色，中脉明显隆起，两面侧脉和网脉微显，不被白粉；叶缘平展或微反卷，每边具 5～10 刺齿；具短柄。花 3～10 簇生；花黄色，花瓣倒卵形，具 2 枚分离腺体；雄蕊短；胚珠 2 枚。浆果黑色，卵状，花柱宿存，不被白粉。花果期 4—8 月。

分布： 我国新疆广布；四川、云南、湖南有分布。蒙古及哈萨克斯坦也有。

生境： 山坡灌丛中、马尾松林下、云南松林下、常绿阔叶林缘或岩石上。

利用价值： 根皮可入药，清热燥湿，泻火解毒；叶柔嫩，枝条细脆，可饲用。

（杨赵平　摄）

055 喀什小檗 *Berberis kaschgarica* Rupr.

小檗科 Berberidaceae　小檗属 *Berberis*

形态特征： 落叶灌木，高约 1m。枝紫红色，有光泽。茎刺三分叉，淡黄色，腹面具浅槽。叶纸质，倒披针形，近无柄。总状花序具 5 ～ 9 花，总梗基部常有 1 至数花簇生，无毛；苞片卵状三角形；花黄色；小苞片披针形；萼片 2 轮，外萼片椭圆形，内萼片倒卵形；花瓣长圆形，先端缺裂，基部楔形，具 2 枚分离腺体。浆果卵球形，黑色，顶端具明显宿存花柱，不被白粉。花果期 5—8 月。

分布： 我国新疆南部山区广布。中亚山区也有。

生境： 山谷阶地、山坡、林缘或灌丛中。

利用价值： 果实含有氨基酸、蛋白质等生物活性物质，具有清热解毒、保健等功效；观赏；保持水土。

（杨赵平　摄）

056 圆叶小檗 *Berberis nummularia* Bunge

小檗科 Berberidaceae　小檗属 *Berberis*

形态特征： 落叶灌木，高达 4.4 m。茎多分枝。单叶，互生，叶片倒卵形或椭圆形，叶革质，倒卵形至椭圆形，顶端圆或急尖，基部渐窄，多全缘，并有多少不等的疏锯齿。伞形花序，花多，黄色，每花有苞片，披针状线形，宿存；萼片的中间为黄色，周边浅红色，花瓣状，倒卵形，花冠下部有一对黄色椭圆形蜜腺；雄蕊分别与花冠对生，花药与花丝基部结合；子房筒状，花柱近无。浆果椭圆形，成熟后深红色。种子椭圆形。花果期 4—7 月。

分布： 我国新疆广布。中亚地区也有。

生境： 河谷次生林、河谷平原、山地草甸、山地草原。

利用价值： 根与茎含有小檗碱，可提炼黄连素供药用；观赏；水土保持。

（杨赵平　摄）

057 林地乌头 *Aconitum nemorum* Popov（乌恰新记录）

毛茛科 Ranunculaceae 乌头属 *Aconitum*

形态特征： 多年生草本。块根，数个成链状。茎高达 90 cm，等距地生叶。茎下部叶有长柄，在开花时多枯萎；茎中部叶有稍长柄。叶片五角形，三全裂几乎至基部，中央全裂片宽菱形，近羽状分裂，两面疏被短柔毛或几无毛；叶柄与叶片近等长或较短。顶生总状花序有 2 ~ 6 花；花序轴和花梗疏被伸展的短柔毛；苞片线形或披针形；萼片紫色，外面疏被伸展的短柔毛，上萼片盔形；花瓣几无毛，向后弯曲；花丝全缘；心皮 3，无毛。花果期 7—9 月。

分布： 我国新疆乌恰、奇台、乌鲁木齐、玛纳斯、新源、昭苏有分布。中亚山区也有。

生境： 山地草坡或云杉林下。

利用价值： 块根含有多种生物碱，可入药；观赏。

（杨赵平 摄）

058 圆叶乌头 *Aconitum rotundifolium* Kar. & Kir.（乌恰新记录）

毛茛科 Ranunculaceae　乌头属 *Aconitum*

形态特征： 多年生草本，块根成对，茎高达 30 cm。叶片圆肾形，三浅裂，两面无毛或仅叶脉和叶缘有短柔毛。总状花序有 3～5 花；花序轴短，轴和花梗被紧贴或伸展的短柔毛；下部苞片叶状或三裂，其他苞片线形；萼片淡紫色，外面密被短柔毛，上萼片镰刀形，侧萼片斜倒卵形；花瓣无毛，下部裂成 2 条小丝，距头形；花丝疏被短毛，全缘；心皮 5，子房密被白色短柔毛。蓇葖果。种子倒卵形具 3 条纵棱，沿棱具狭翅。花果期 7—8 月。

分布： 我国新疆乌恰、和静、玛纳斯、裕民、托里、霍城、昭苏有分布。中亚山区也有。

生境： 山地的高山草地和砾质石坡。

利用价值： 全草可作解热药；观赏。

（杨赵平　摄）

059 块茎银莲花 *Anemone gortschakowii* Kar. & Kir.（中国仅在乌恰有分布）

毛茛科 Ranunculaceae　　银莲花属 *Anemone*

形态特征：多年生小草本，高达 10 cm。块茎近椭圆球形或圆锥形，有须根。基生叶 1～4 片，有长柄，无毛；叶片带肉质，圆五角形或圆肾形。花葶直立，苞片 3，无柄，宽菱形，掌状深裂，背面有散生柔毛；花梗有向上弯曲的短柔毛；萼片 5，黄色，椭圆形，外面疏被贴伏的短柔毛；花药椭圆形，花丝狭线形；心皮约 35，生于球形的花托上，子房有柔毛。瘦果，密被长绵毛。花果期 5—7 月。

分布：我国新疆乌恰有分布。哈萨克斯坦、吉尔吉斯斯坦也有。

生境：天山南坡高山草地。

利用价值：观赏；保持水土。

（杨赵平　摄）

060 伏毛银莲花 *Anemone narcissiflora* subsp. *protracta* (Ulbr.) Ziman & Fedor.（乌恰新记录）

毛茛科 Ranunculaceae 银莲花属 *Anemone*

形态特征： 多年生草本，具根状茎，植株高达 40 cm。基生叶 3 ～ 6 枚，有长柄；叶心状卵形，三全裂，侧全裂片无柄，斜扇形，腹面近无毛，背面密被紧贴的长柔毛，边缘有密集毛；叶柄有贴生或近贴生的长柔毛。花葶直立，有与叶柄相同的柔毛；苞片约 4，无柄，菱形，三深裂；伞形花序，2 ～ 6 花；萼片通常 5，白色，倒卵形，外面特别是中部有稍密的柔毛。花果期 6—8 月。

分布： 我国新疆尼勒克、昭苏有分布。中亚天山、帕米尔高原山区也有。

生境： 天山南坡山坡草地、林下。

利用价值： 观赏；保持水土。

（杨赵平、李攀 摄）

061 厚叶美花草 *Callianthemum alatavicum* Freyn

毛茛科 Ranunculaceae　美花草属 *Callianthemum*

形态特征: 多年生草本，具根状茎。植株全体无毛，茎渐升或近直立，长达 20 cm，几乎不分枝。基生叶 3～4，有长柄，为三回羽状复叶；叶片干时亚革质，羽片 4～5 对；最下面的有细长柄，其他的有短柄，卵形，二回羽片 1～2 对，无柄；叶柄基部有鞘。茎生叶 2～3，似基生叶，但较小。花直径 1.7～2.5 cm；萼片 5，近椭圆形；花瓣 5～7，白色，基部橙色；雄蕊长约为花瓣之半。聚合果近球形，瘦果卵球形，表面稍皱，宿存花柱短。花果期 7—8 月。

分布: 我国新疆乌恰、乌鲁木齐、哈密、温宿分布。中亚天山和帕米尔高原也有。

生境: 山地草坡或河谷草地。

利用价值: 观赏；保持水土。

（杨赵平　摄）

062 角果毛茛 *Ceratocephala testiculatus* (Crantz) Roth（乌恰新记录）

毛茛科 Ranunculaceae　角果毛茛属 *Ceratocephala*

形态特征： 一年生小草本，高达 10 cm，全体有绢状短柔毛。叶基生，3 全裂，中裂片线形，全缘，侧裂片 1～2 回细裂或不裂，末回裂片线形，有蛛丝状柔毛。花葶 2～8 条，顶生 1 花；花小；萼片绿色，5 数，卵形，外面有密白柔毛，果期增大，宿存；花瓣 5，多白色，与萼片近等长，有爪，蜜槽点状；雄蕊约 10 枚。聚合果长圆形；瘦果多数，扁卵形，有白色柔毛，喙与果体近等长，顶端有黄色硬刺。花果期 3—5 月。

分布： 我国新疆南部乌恰分布，北部广布。欧洲南部及中亚荒漠地区也有。

生境： 路边草地、高山草甸、荒漠及荒漠草原。

利用价值： 保持水土。

（杨赵平、李攀　摄）

063 伊犁铁线莲 *Clematis alpina* var. *iliensis* (Y. S. Hou & W. H. Hou) W. J. Yang & L. Q. Li（乌恰新记录）

毛茛科 Ranunculaceae　铁线莲属 Clematis

形态特征： 木质藤本，疏生短柔毛。芽鳞三角形，3～7 mm，背面具短柔毛。叶为三出复叶，叶柄长 3～10 cm；小叶狭卵形至宽卵形，不裂或 3 深裂，两面疏生短柔毛。花 1～3，径 4～7 cm；花梗 8～14 cm，疏生短柔毛；萼片 4，淡黄，背面密被微柔毛，正面无毛；匙形退化雄蕊线形，约 2 cm，短于退化雄蕊；花丝和子房被微柔毛，花柱密被短柔毛。瘦果狭卵形至椭圆形。花果期 6—8 月。

分布： 我国新疆北部和西南部。

生境： 海拔 1600～3000 m 的云杉林、林缘或溪边。

利用价值： 观赏；保持水土。

（杨赵平　摄）

064 东方铁线莲 *Clematis orientalis* L.

毛茛科 Ranunculaceae 铁线莲属 *Clematis*

形态特征: 多年生草质藤本，茎有棱。一至二回羽状复叶，小叶有柄，2～3全裂，中间裂片较大，长卵形，两侧裂片较小。圆锥状聚伞花序或单歧聚伞花序，多花或少至3花；苞片叶状，全缘；萼片4，黄色、淡黄色或外面带紫红色，斜上展，披针形或长椭圆形，内外两面有柔毛，外面边缘有短绒毛；花丝线形，有短柔毛，花药无毛。瘦果卵形、侧扁，宿存花柱被长柔毛。花果期8—10月。

分布: 我国新疆广布。欧洲东部、伊朗、阿富汗、巴基斯坦和中亚地区也有。

生境: 河漫滩、沟边、路旁或湿地、渠边、果园和山谷灌丛中。

利用价值: 优良饲草；观赏。

（杨赵平、李攀 摄）

065　准噶尔铁线莲 *Clematis songarica* Bunge

毛茛科 Ranunculaceae　铁线莲属 *Clematis*

形态特征： 直立小灌木，高达 120 cm，枝有棱。单叶对生或簇生；叶片薄革质，长圆状披针形，叶分裂程度变异较大，茎下部叶子从全缘至边缘整齐的锯齿，茎上部叶全缘、齿裂至羽状裂，两面无毛。花序为聚伞花序，顶生；萼片 4，白色或淡黄色，长圆状倒卵形至宽倒卵形，外面密生绒毛，内面有短柔毛至近无毛；雄蕊无毛。瘦果略扁，卵形，密生白色柔毛，具宿存花柱。花果期 6—10 月。

分布： 我国新疆广布；内蒙古有分布。蒙古、中亚荒漠地区也有。

生境： 山坡、山谷灌丛中或沟边、路旁。

利用价值： 茎和根可供药用，且有行气活血、祛风湿、止痛等功效，用于治疗跌打损伤、瘀滞疼痛、风湿性筋骨痛、肢体麻木等；观赏。

（杨赵平　摄）

066 甘青铁线莲 *Clematis tangutica* (Maxim.) Korsh.

毛茛科 Ranunculaceae 铁线莲属 *Clematis*

形态特征： 落叶藤本，长 1～4 m。主根粗壮，木质。茎有明显的棱，幼时被长柔毛，后脱落。一回羽状复叶；小叶片基部常浅裂、深裂或全裂。花单生，有时为单歧聚伞花序，腋生；花序梗粗壮，有柔毛；萼片 4，黄色外面带紫色，斜上展，狭卵形、椭圆状长圆形；花丝下面稍扁平，被开展的柔毛；子房密生柔毛。瘦果倒卵形，有长柔毛，花柱宿存。花果期 6—10 月。

分布： 我国新疆乌恰、和硕、焉耆、且末、塔什库尔干、伊吾、巴里坤、吐鲁番有分布；西藏、四川、青海、甘肃、陕西等有分布。塔吉克斯坦也有。

生境： 山地河谷、河漫滩、高原草地或灌丛。

利用价值： 全草可入药，具有健胃、消食等功效，用于治疗消化不良、恶心，并有排脓、除疮、消痞块等作用；观赏。

（杨赵平、李攀 摄）

067 水葫芦苗 *Halerpestes cymbalaria* (Pursh) Green

毛茛科 Ranunculaceae　碱毛茛属 *Halerpestes*

形态特征：多年生草本，匍匐茎横走。叶多数；叶片纸质，多近圆形或肾形、边缘有 3～7 个圆齿，无毛；叶柄稍有毛。花葶 1～4 条，无毛；苞片线形。花小；萼片绿色、卵形、无毛，反折；花瓣 5，狭椭圆形，与萼片近等长，基部有短爪，爪上端有点状蜜槽；花托圆柱形，有短柔毛。聚合果椭圆球形；瘦果小而极多，斜倒卵形，两面稍鼓起，有 3～5 条纵肋，无毛，喙极短，呈点状。花果期 5—9 月。

分布：我国新疆广布；东北、华北及西北诸地有分布。北美洲、朝鲜、蒙古、印度、西伯利亚及中亚地区也有。

生境：生盐碱性沼泽地或湖边沼泽地。

利用价值：可入药，具有利水消肿、祛风除湿等功效，用于治疗关节炎、水肿。

（杨赵平　摄）

068 长叶碱毛茛 *Halerpestes ruthenica* (Jacq.) Ovcz.

毛茛科 Ranunculaceae 碱毛茛属 *Halerpestes*

形态特征：多年生草本，茎高 10 ～ 25 cm，具匍匐茎。叶全部基生，叶片卵状或椭圆状、梯形，常有 3 条基出脉，无毛；叶柄近无毛，基部成鞘。花葶高 10 ～ 20 cm，单一或上部分枝，有 1 ～ 3 花，疏生短柔毛；苞片线状披针形，多无毛；花瓣黄色，6 ～ 12 枚，倒卵形，基部渐狭成爪，蜜槽点状；花托圆柱形，有柔毛。聚合果卵球形；瘦果极多，紧密排列，斜倒卵形，无毛，边缘有狭棱，两面有 3 ～ 5 条分歧的纵肋，喙短而直。花果期 5—8 月。

分布：我国新疆广布；东北、华北、西北各地有分布。蒙古、西伯利亚地区也有。

生境：低湿地草甸及轻度盐化草甸。

利用价值：保持水土。

（杨赵平 摄）

069 密丛拟耧斗菜 *Paraquilegia caespitosa* (Boiss. & Hohen.) J. R. Drumm. & Hutch.（中国仅在乌恰有分布）

毛茛科 Ranunculaceae　拟耧斗菜属 *Paraquilegia*

形态特征： 植物体呈密丛状，基部叶柄残基密集，株高 5 ～ 10 cm。叶、花葶密被极短的绒毛。三出复叶多数，基生，叶片三角状卵形，叶灰绿色，两面密被极短的乳突状腺毛。花葶 1 至数条，比叶高；苞片 2 枚，生于花下，线状椭圆形，不分裂，基部有波状膜质鞘，萼片紫红色，宽椭圆形；花瓣长圆状倒卵形，顶端微凹，下部浅囊状；子房无毛。蓇葖果直立，具细喙。种子密被极短的乳突状腺毛。花果期 6—8 月。

分布： 我国新疆乌恰有分布。中亚天山、帕米尔高原和阿赖山脉也有。

生境： 天山南坡的石砾质阴坡。

利用价值： 观赏；防风固沙。

（杨赵平　摄）

070 扁果草 *Paropyrum anemonoides* (Kar. et Kir.) Ulbr.（乌恰新记录）

毛茛科 Ranunculaceae　扁果草属 *Paropyrum*

形态特征：多年生草本，根状茎细长，外皮黑褐色。茎直立，高达 23 cm，无毛。基生叶多数，有长柄，为二回三出复叶，无毛；叶片三角形，表面绿色，背面淡绿色；茎生叶 1～2 枚，似基生叶，但较小。花序为简单或复杂的单歧聚伞花序，有 2～3 花；苞片卵形，三全裂或三深裂；花梗无毛；萼片白色，宽椭圆形；花瓣长圆状船形，基部筒状；雄蕊 20 枚左右。蓇葖果扁平，宿存花柱微外弯，无毛。种子椭圆球形，近黑色。花果期 6—9 月。

分布：我国新疆沙湾、精河、温泉、昭苏、霍城、哈密、阿克陶、叶城有分布；甘肃、青海、西藏有分布。伊朗及中亚山区也有。

生境：天山、昆仑山、准噶尔西部的高山带岩石缝阴湿处。

利用价值：块根可供药用；防风固沙。

（杨赵平　摄）

071 钟萼白头翁 *Pulsatilla campanella* (Regel & Tiling) Fisch. ex Krylov

毛茛科 Ranunculaceae　白头翁属 *Pulsatilla*

形态特征: 多年生草本,花期高达 20 cm。根状茎粗厚。基生叶 5 ~ 8,有长叶柄,二至三回羽状复叶,表面近无毛,背面疏被毛;叶柄有长柔毛。花葶 1 ~ 2,有柔毛;苞片三深裂,深裂片狭披针形,不分裂或有 3 小裂片,背面有长柔毛;花稍下垂;萼片紫褐色,椭圆状卵形或卵形,顶端稍向外弯,外面有绢状绒毛。聚合瘦果;瘦果纺锤形,有长柔毛,宿存花柱下部密被开展的长柔毛,上部有贴伏的短柔毛。花果期 6—9 月。

分布: 我国新疆乌恰、和静、温宿、塔什库尔干、青河、奇台、乌鲁木齐、玛纳斯、昭苏有分布。蒙古北部、西伯利亚地区和中亚天山、帕米尔高原也有。

生境: 山地阳坡草地。

利用价值: 根状茎可供药用,用于治疗细菌性痢疾、淋巴结结核等;可观赏。

(杨赵平　摄)

072 裂叶毛茛 *Ranunculus pedatifidus* Sm.（乌恰新记录）

毛茛科 Ranunculaceae　毛茛属 *Ranunculus*

形态特征: 多年生草本，根状茎短，须根多数簇生，茎高达 25 cm。基生叶有长柄；叶片近圆形，7～15 掌状深裂，生柔毛；叶柄密生柔毛，基部有膜质鞘。茎生叶数枚，无柄或短柄，叶片 3～5 全裂，疏生长柔毛。花较大；花梗密生长柔毛，于果期伸长；萼片卵圆形，外面密生白柔毛，边缘膜质；花瓣 5～7，宽倒卵形，蜜槽呈杯形袋穴；花托在果期伸长呈圆柱形，密生短毛。聚合果长圆形；瘦果卵球形，稍扁，喙细弯。花果期 5—7 月。

分布: 我国新疆乌恰、温宿、哈巴河、乌鲁木齐、额敏、沙湾、霍城、巴里坤有分布；黑龙江、内蒙古有分布。西伯利亚和中亚山区也有。

生境: 山坡林下及河边草地。

利用价值: 保持水土。

　　本种以基生叶有 7～13 掌状深裂，裂片线状披针形，有不等齿裂，花较大，直径约 2.5 cm，花瓣 5～7，顶端圆形，与相近种有别。

（杨赵平　摄）

073 毛托毛茛 *Ranunculus trautvetterianus* C. Regel ex Ovcz.（乌恰新记录）

毛茛科 Ranunculaceae　毛茛属 *Ranunculus*

形态特征：多年生小草本，须根较粗厚，簇生。茎直立，高达 32 cm，近无毛，基部有多数纤维状枯鞘残存。基生叶多数；叶片圆肾形，3 中裂至 3 深裂不达基部；叶柄无毛，基部有干膜质长鞘；下部叶与基生叶相似；上部叶 3 ～ 5 深裂，裂片披针形，边缘生柔毛。花单顶生；花梗有细柔毛；萼片卵形，外被细毛，边缘膜质；花瓣 5，宽椭圆形，具短爪，蜜槽呈杯状袋穴，边缘及内侧有纤毛；花托生短毛。聚合果近球形；瘦果卵球形，具喙。花果期 6—8 月。

分布：我国新疆乌恰、沙湾、霍城、塔什库尔干有分布。中亚天山和帕米尔高原也有。

生境：生于河滩草甸和林缘。

利用价值：保持水土。

　　本种与多根毛茛相近，但其基生叶为 3 中裂至 3 深裂而不达基部，且蜜槽袋穴中有纤毛，可以与多根毛茛相区别。

（杨赵平　摄）

074 黄唐松草 *Thalictrum flavum* L.（乌恰新记录）

毛茛科 Ranunculaceae　唐松草属 *Thalictrum*

形态特征： 多年生草本。植株全部无毛。茎高约 1.5 m，等距地生叶。叶为三回羽状复叶；顶生小叶楔状倒卵形，上部有 3 粗齿或三浅裂；茎上部叶长 9～15 cm，小叶较狭长，楔形，上部有 3 个狭三角形的锐齿或小裂片；叶柄鞘有膜质翅。圆锥花序塔形，有多数密集的花；苞片狭线形或钻形；花梗细；萼片 4，狭卵形，脱落；花药线形，顶端有不明显的小尖头，花丝丝形；心皮约 10，柱头翅正三角形。花果期 6—9 月。

分布： 我国新疆南部乌恰、温宿，北部阿尔泰山、准噶尔西部山地有分布。亚洲北部、西部、欧洲也有。

生境： 生于海拔 1500 m 左右山地河谷灌丛和溪边草地。

利用价值： 观赏；保持水土。

（杨赵平　摄）

075 准噶尔金莲花 *Trollius dschungaricus* Regel

毛茛科 Ranunculaceae　金莲花属 *Trollius*

形态特征： 多年生草本，高达 40 cm。基生叶 3～7 枚，有长柄；叶片五角形或三角状卵形，三深裂至基部 1～2 mm 处；深裂片多少覆压。花常单生，有时 2～3 花组成聚伞花序；花梗长 5～15 cm；萼片黄色或橙黄色，8～13 枚，倒卵形或宽倒卵形；花瓣比雄蕊稍短或与花丝近等长，线形，顶端圆形或带匙形，长 7～8 mm；雄蕊长 0.9～1.4 cm；心皮 12～18，花柱淡黄色。蓇葖果长达 1.2 cm，喙长约 1.2 mm。花果期 6—8 月。

分布： 我国新疆天山、帕米尔高原和准噶尔西部山地。中亚天山及帕米尔高原也有。

生境： 中高海拔山地草坡、沼泽边或山谷林下。

利用价值： 花可用于清热解毒，治疗上呼吸道感染、扁桃体炎、咽炎、急性中耳炎、急性鼓膜炎口疮、疔疮等；观赏；保持水土。

（杨赵平　摄）

076 天山茶藨子 *Ribes meyeri* Maxim.

茶藨子科 Grossulariaceae　茶藨子属 *Ribes*

形态特征: 落叶灌木,高达 2.5 m,小枝灰棕色或浅褐色,皮长条状剥离。叶近圆形,掌状 5 浅裂,裂片边缘具粗锯齿;叶柄无毛。总状花序下垂,具花 7～17;花序轴和花梗具短柔毛或几无毛;苞片卵圆形;花萼紫红色或浅褐色而具紫红色斑点和条纹;萼片匙形,表面密被毛,缘具睫毛;花暗紫色或带绿;花柱长于雄蕊,先端 2 裂。果实圆形,紫黑色,具光泽,无毛,多汁而味酸。花果期 5—8 月。

分布: 我国新疆天山、阿尔泰山有分布。中亚地区也有。

生境: 山坡疏林内、沟边、云杉林下或林间空地、山谷灌丛。

利用价值: 果实富含维生素 A、维生素 B、维生素 C、维生素 D,可制造饮料及酿酒;根、叶、果实可入药,含有黄酮类活性成分,可软化血管、降血脂、调血压。

(杨赵平　摄)

077 球茎虎耳草 *Saxifraga sibirica* L.（乌恰新记录）

虎耳草科 Saxifragaceae　虎耳草属 *Saxifraga*

形态特征： 多年生草本，茎达 25 cm。具鳞状球茎，密被腺柔毛。基生叶具长柄，叶片肾形，两面和边缘均具腺柔毛，叶柄基部扩大，被腺柔毛；茎生叶肾形，5～9 浅裂，两面和边缘均具腺毛。聚伞花序伞房状，具 2～13 花；萼片直立，披针形至长圆形，腹面无毛，背面和边缘具腺柔毛；花瓣白色，倒卵形，3～8 脉，无痂体；2 心皮；子房卵球形，花柱 2，柱头小。花果期 6—10 月。

分布： 我国新疆天山和阿尔泰山有分布；东北、西北、华北及西南及西藏有分布。印度、尼泊尔、蒙古、中亚及西伯利亚也有。

生境： 低海拔至高海拔林下、高山草甸、高山岩石缝隙、山地阴坡及山谷灌丛、草地。

利用价值： 观赏；保持水土。

（李攀　摄）

078 圆叶八宝 *Hylotelephium ewersii* (Ledeb.) H. Ohba

景天科 Crassulaceae　八宝属 *Hylotelephium*

形态特征： 多年生草本，根状茎木质，分枝，绳索状。茎多数，近基部木质而分枝，紫棕色，无毛，高达 25 cm。叶对生，宽卵形，边全缘或有不明显的牙齿；无柄；叶常有褐色斑点。伞形聚伞花序，花密生；萼片 5，披针形；花瓣 5，紫红色，卵状披针形；雄蕊 10，较花瓣短，花药紫色；鳞片 5，卵状长圆形。菁葖果 5，直立，有短喙。种子披针形，褐色。花果期 7—9 月。

分布： 我国新疆天山、准噶尔阿拉套山、阿尔泰山、帕米尔高原有分布。巴基斯坦、蒙古、俄罗斯、哈萨克斯坦、吉尔吉斯斯坦、塔吉克斯坦、阿富汗也有。

生境： 林下沟边石缝、林下石质坡地、山谷石崖、河沟水边。

利用价值： 观赏；保持水土。

（杨赵平　摄）

079 小苞瓦松 *Orostachys thyrsiflora* Fisch.

景天科 Crassulaceae 瓦松属 *Orostachys*

形态特征: 二年生草本,第一年有莲座丛,莲座叶短,线状长圆形,先端渐变成软骨质附属物;第二年自莲座中央伸出花茎。茎生叶线状、长圆状,先端急尖,有软骨质尖头。苞片卵状长圆形,比花短;萼片5,三角状卵形;花白色或淡红色,长圆形,基部稍合生;雄蕊稍短于或等长于花瓣,花药紫色。蓇葖果直立。种子卵形,细小。花果期7—9月。

分布: 我国新疆天山、帕米尔高原、昆仑山有分布;西藏、甘肃有分布。俄罗斯、哈萨克斯坦、吉尔吉斯斯坦、塔吉克斯坦、蒙古也有。

生境: 干旱石质山坡、山顶石缝、山前荒漠草原、河谷阶地。

利用价值: 全草可入药,具有清热、止血、活血、敛疮的功效,还可用作农药;盆栽观赏;工业上可用于提取草酸。

(杨赵平 摄)

080 异齿红景天 *Rhodiola heterodonta* (Hook. f. & Thomson) Boriss.

景天科 Crassulaceae　红景天属 *Rhodiola*

形态特征: 多年生草本。根粗壮，垂直。根颈分枝，先端被鳞片。花茎长达 40 cm，直立。叶互生，二角状卵形，无柄，抱茎，边缘有粗锯齿。聚伞花序伞房状，花序紧密；花梗短于花；萼片 4，线形；花瓣 4，黄绿色，线形；雄蕊 8，长超出花瓣，带红色；鳞片 4，线形；心皮具短而粗的花柱，披针形；鳞片 4。蓇葖果直立，线状长圆形，有短而弯的喙。种子椭圆形，褐色。花果期 5—7 月。

分布: 我国新疆乌恰和塔什库尔干有分布；西藏有分布。蒙古、哈萨克斯坦、塔吉克斯坦、吉尔吉斯斯坦、伊朗、阿富汗、巴基斯坦也有。

生境: 山坡沟边、积石、山沟阴坡石缝及山崖上。

利用价值: 根茎可入药，主治风湿腰痛、跌打损伤。

（杨赵平、李攀　摄）

081 长叶瓦莲 *Rosularia alpestris* (Kar. & Kir.) A. Boriss

景天科 Crassulaceae 瓦莲属 *Rosularia*

形态特征： 多年生草本，根肥大。花茎自莲座叶腋发出，直立或斜上，有叶，无毛，高5～12 cm。叶肉质，扁平，先端边缘上有糙毛状缘毛，叶上面无毛；基生叶莲座状，长圆状披针形；茎生叶无柄，长圆形。聚伞花序或圆锥花序呈伞房状；花梗较花冠短；苞片小，卵状披针形；萼片6～8，披针形，有3脉，为花冠之半；花瓣6～8，基部合生，白色或浅红色，外具紫色龙骨状突起，有3脉，反折；雄蕊12～16，较花瓣短；鳞片横宽近半圆形，全缘。蓇葖果有喙丝状。种子卵形，小，褐色。花果期6—8月。

分布： 我国新疆天山北坡、帕米尔高原、准噶尔阿拉套山有分布；西藏有分布。哈萨克斯坦、吉尔吉斯斯坦、塔吉克斯坦也有。

生境： 山前半荒漠草原、山坡石缝、灌丛。

利用价值： 观赏；保持水土。

（杨赵平 摄）

082 锁阳 *Cynomorium songaricum* Rupr.

锁阳科 Cynomoriaceae　锁阳属 *Cynomorium*

形态特征： 多年生肉质寄生草本，无叶绿素，全株红棕色，高 15 ～ 100 cm，大部分埋于沙中。茎圆柱状，直立，棕褐色，埋于沙中的茎具有细小须根，茎基部略增粗或膨大。茎上着生螺旋状排列的脱落性鳞片叶，向上渐疏；鳞片叶卵状三角形，先端尖。肉穗花序生于茎顶，棒状，其上着生非常密集的小花，雄花、雌花和两性相伴杂生，有香气，花序中散生鳞片状叶。果为小坚果状，小，近球形或椭圆形。种子近球形，深红色，种皮坚硬而厚。花果期 5—7 月。

分布： 我国新疆广布；内蒙古、陕西、甘肃、青海有分布。蒙古、哈萨克斯坦、伊朗也有。

生境： 高山山地、荒漠草原，草原化荒漠与荒漠地带的河边、湖边、池边等生境，在有白刺、红砂生长的盐碱地区，多寄生于白刺属和红砂属等植物的根上。

利用价值： 国家二级保护植物。除去花序的肉质茎，具有补肾、益精、润燥之功效，主治阳痿遗精、腰膝酸软、肠燥便秘，对瘫痪和改善性功能障碍也有一定的作用；肉质茎富含鞣质和淀粉，可提炼栲胶，可酿酒，也可加工成饲料及代食品。

（杨赵平　摄）

083 驼蹄瓣 *Zygophyllum fabago* L.（乌恰新记录）

蒺藜科 Zygophyllaceae　驼蹄瓣属 *Zygophyllum*

形态特征： 多年生草本；高达 80 cm。茎多分枝，开展或铺散。托叶革质，卵形或椭圆形，绿色，茎中部以下托叶连合，上部托叶披针形，叶柄短于小叶；小叶 1 对，倒卵形或长圆状倒卵形，先端圆。花梗长达 1 cm；萼片卵形，边缘白色膜质；花瓣倒卵形，与萼片近等长，先端近白色，下部橘红色；雄蕊鳞片长圆形，长为雄蕊之半。蒴果圆柱形，具 5 棱，下垂。种子多数，具斑点。花果期 5—9 月。

分布： 我国新疆广布；内蒙古、甘肃、青海有分布。俄罗斯、蒙古、中亚、地中海地区、哈萨克斯坦、欧洲也有。

生境： 荒漠草原、山前洪积扇、砾石沙地和荒漠河谷。

利用价值： 饲草；整株可入药；保持水土。

（杨赵平　摄）

084 长梗驼蹄瓣 *Zygophyllum obliquum* Popov

蒺藜科 Zygophyllaceae　驼蹄瓣属 *Zygophyllum*

形态特征: 多年生草本。根粗壮,多数,由基部多分枝,上升或外倾。茎下部托叶合生,上部托叶分离,宽卵形至披针形;叶柄具翼,扁平,短于小叶;小叶 1 对,斜卵形,灰蓝色。1～2个花生于叶腋;萼片 5,卵形或矩圆形,边缘膜质;花瓣倒卵形,下部橘红色,上部色较淡;雄蕊短于花瓣,鳞片矩圆形,长为花丝之半。蒴果圆柱形,两端钝,具 5 棱,果竖立。种子卵形。花果期 6—9 月。

分布: 我国新疆南部克州地区、塔什库尔干、叶城,北部乌鲁木齐、伊宁有分布;甘肃、西藏有分布。中亚和伊朗也有。

生境: 高山荒漠、低山坡、河滩沙砾地和草原带河谷。

利用价值: 保持水土。

（杨赵平　摄）

085 石生驼蹄瓣 *Zygophyllum rosowii* Bunge（乌恰新记录）

蒺藜科 Zygophyllaceae　驼蹄瓣属 *Zygophyllum*

形态特征： 多年生草本，高达 20 cm。茎基部多分枝，无毛。小叶 1 对，卵形，绿色，先端纯或圆。花 1～2 腋生；萼片椭圆形或倒卵状长圆形，边缘膜质；花瓣倒卵形，与萼片近等长，先端圆，白色，下部橘红色，具爪；雄蕊长于花瓣，橙黄色，鳞片长圆形。蒴果条状披针形，先端渐尖，稍弯或镰状弯曲，下垂；种子灰蓝色，长圆状卵形。花果期 4—7 月。

分布： 我国新疆广布；东北、甘肃、西藏有分布。俄罗斯和蒙古也有。

生境： 砾石小山、冲积砾石斜坡、荒漠及荒漠砾石山坡等。

利用价值： 优良抗逆植物，保持水土。

（杨赵平、李攀　摄）

086 霸王 *Zygophyllum xanthoxylum* (Bunge) Maxim.

蒺藜科 Zygophyllaceae　霸王属 *Zygophyllum*

形态特征: 灌木。株高达 1 m。枝"之"字形弯曲,枝皮淡灰色,木质部黄色,顶端刺尖。小叶 1 对,长匙形、窄长圆形或条形,先端圆钝,肉质。花生于老枝叶腋;萼片 4,倒卵形,绿色;花瓣倒卵形或近圆形,4 数,具爪,淡黄色;雄蕊长于花瓣,鳞片倒披针形,先端浅裂,长约为花丝 2/5。蒴果近球形,翅宽 5～9 mm。种子肾形。花果期 4—8 月。

分布: 我国新疆广布;甘肃、青海、内蒙古有分布。蒙古也有。

生境: 荒漠和半荒漠的沙砾质河流阶地、低山山坡、碎石低丘和山前平原。

利用价值: 优良抗逆植物,可保持水土。

（杨赵平　摄）

087 沙冬青 *Ammopiptanthus mongolicus* (Maxim. ex Kom.) S. H. Cheng

豆科 Fabaceae　沙冬青属 *Ammopiptanthus*

形态特征: 常绿灌木,高达 2 m,多叉状分枝。树皮黄绿色,幼时被灰白色短柔毛,后渐稀疏。小叶 3,密被灰白色短柔毛;托叶小,三角形,与叶柄连合并抱茎,被银白色绒毛;小叶菱状椭圆形,微凹,两面密被银白色绒毛,全缘。总状花序顶生,花 8 ~ 12,密集;苞片卵形,密被短柔毛,脱落。荚果扁平,线形,无毛,种子 2 ~ 5。种子圆肾形。花果期 4—6 月。

分布: 我国新疆乌恰有分布;内蒙古、宁夏、甘肃有分布。蒙古和吉尔吉斯斯坦也有。

生境: 沙丘、河滩边台地、砾石山坡。

利用价值: 国家 2 级保护植物。为耐旱耐寒植物,可保持水土。

（杨赵平　摄）

088 阿拉套黄芪 *Astragalus alatavicus* Kar. & Kir.

豆科 Fabaceae　黄芪属 *Astragalus*

形态特征： 多年生草本。茎短缩，散生白色柔毛。奇数羽状复叶基生，具 4～8 片轮生小叶，共有 10～17 轮；托叶宽披针形，膜质，边缘具丝状缘毛；小叶长圆形，上面近无毛，下面被较密白色柔毛。总状花序生 3～5 花；苞片线状披针形，下面散生白柔毛；花萼管状，萼齿线状披针形，长约为萼筒的 1/3 或更短；花冠黄色，干后带红色，旗瓣倒卵形，下部 1/3 处稍膨大呈角棱状，翼瓣椭圆形，瓣柄长为瓣片的 1.5 倍，龙骨瓣片半圆形，瓣柄长为瓣片的 2 倍；子房狭卵形，密被长丝状毛。荚果长圆状卵形，先端具 2 mm 的短喙；果瓣薄革质，密被白色长柔毛；具不完全的假 2 室。花果期 5—8 月。

分布： 我国新疆北部和西部有分布。俄罗斯及阿尔泰地区和天山也有。

生境： 生于高山草地或砾石滩上。

利用价值： 食用；饲草；保持水土。

（杨赵平　摄）

089 高山黄芪 *Astragalus alpinus* L.（乌恰新记录）

豆科 Fabaceae 黄芪属 *Astragalus*

形态特征： 多年生草本。茎直立或上升，基部分枝，高达 50 cm，具条棱，被白色柔毛，上部混有黑色柔毛。奇数羽状复叶，具 15 ～ 23 片小叶；托叶离生，三角状披针形，上面疏被白色柔毛或近无毛，下面密被毛。总状花序生 7 ～ 15 花，密集；总花梗腋生，较叶长或近等长；苞片膜质，线状披针形，下面被黑色柔毛；花序轴密被黑色柔毛；花萼钟状，被黑色伏贴柔毛，萼齿线形，较萼筒稍长；花冠白色，旗瓣长圆状倒卵形，先端微凹，龙骨瓣与旗瓣近等长，先端带紫色；子房狭卵形，密生黑色柔毛。荚果被黑色伏贴柔毛，具短喙，近假 2 室。花果期 6—8 月。

分布： 我国新疆天山、北部山区广布。俄罗斯、蒙古、亚美尼亚、阿塞拜疆、格鲁吉亚、中亚及其他欧洲和北美国家也有。

生境： 林下、山坡草地、林间空地、山坡草地、河漫滩。

利用价值： 食用；饲草；观赏；保持水土。

（杨赵平 摄）

090 狭叶黄芪 *Astragalus angustissimus* Bunge（乌恰新记录）

豆科 Fabaceae 黄芪属 *Astragalus*

形态特征： 多年生草本，高达 15 cm。基部具木质茎，当年生茎密被白色毛。叶轴叶柄被短白色伏贴毛；托叶膜质，边缘被毛；小叶 10 ~ 19，被细长的灰白色伏贴毛，下面密被灰白色。总状花序密集多花，果期伸长；总花梗长为叶的 1.5 倍或近等长，被短白色伏贴毛，花序下面混生黑色毛；苞片被黑色伏贴毛；花萼管状钟形，被黑色毛且混生白色毛；花冠紫色，旗瓣瓣片披针形；翼瓣向上渐狭，与爪近等长；龙骨瓣瓣长为爪的 2/3。荚果无柄，长圆形，具弯喙，密被伏贴的白色毛，混生黑色和白色毛，不完全 2 室。花果期 4—7 月。

分布： 我国新疆乌恰、裕民、霍城有分布。哈萨克斯坦、吉尔吉斯斯坦也有。

生境： 山地草原、碎石牧地或草坡。

利用价值： 保持水土。

（杨赵平 摄）

091 边塞黄芪 *Astragalus arkalycensis* Bunge（乌恰新记录）

豆科 Fabaceae　黄芪属 *Astragalus*

形态特征： 多年生草本，高达 15 cm。根粗壮。茎极短缩，不明显，丛生。羽状复叶有 11 ～ 23 片小叶；叶柄纤细，与叶轴近等长或稍短；托叶基部合生，上部卵圆形或短渐尖，密被白色毛；小叶长圆形、椭圆形或倒卵形，先端尖，稀钝圆有短尖头，两面密被灰白色伏贴毛。总状花序圆球形或球状宽椭圆形；总花梗长为叶长的 1.5 ～ 2 倍；苞片线状披针形，被白色毛；花梗极短；花萼卵圆形，被开展的白、黑色毛，萼齿线形；花冠淡黄白色，旗瓣狭长圆状倒卵形，先端微凹；翼瓣瓣片上部微扩展，先端微凹；龙骨瓣较翼瓣短。荚果卵圆形，密被开展的白色毛，假 2 室，每室含种子 1 ～ 2 颗。花果期 5—7 月。

分布： 我国新疆南部乌恰有分布，北部昭苏、塔城、托里、阿勒泰、布尔津、富蕴有分布；青海、内蒙古、山西、宁夏、云南也有。

生境： 沙地。

利用价值： 保持水土。

（杨赵平　摄）

092 布河黄芪 *Astragalus buchtormensis* Pall.（乌恰新记录）

豆科 Fabaceae　黄芪属 *Astragalus*

形态特征： 多年生草本，高达 30 cm，除叶表皮外，植株其余部分被白色长柔毛。茎短缩。奇数羽状复叶，具小叶最多可达 57 枚；托叶白色，膜质，基部与叶柄贴生；小叶卵形或长圆状卵形，具短柄。总状花序生 2～4 花，稍稀疏，总花梗长 5～10 cm；苞片白色，膜质，披针形；花梗短；花萼管状，萼齿线状披针形，长为萼筒的 1/2；花冠黄色，长达 25 mm；子房具短柄或无柄。荚果长圆状卵形，散生白色长柔毛，长 15～20 mm，近 2 室，具短果颈。花果期 4—8 月。

分布： 我国新疆乌恰、塔什库尔干、霍城、察布查尔、新源、巩留有分布。俄罗斯、哈萨克斯坦、乌克兰也有。

生境： 山坡草地或砾石山坡。

利用价值： 观赏；保持水土。

（杨赵平　摄）

093 中天山黄芪 *Astragalus chomutowii* B. Fedtsch.

豆科 Fabaceae　黄芪属 *Astragalus*

形态特征: 多年生小草本,高达 8 cm。茎短缩,具多数短缩分枝,密丛状。三出或羽状复叶,小叶 3 ~ 5 枚;托叶小,合生,膜质,被白色毛和缘毛;小叶长圆形或倒披针形,两面被白色伏贴毛。总状花序,花序轴短缩,生花 5 ~ 15,排列密集;总花梗纤细,与叶等长或稍短;苞片线状披针形,膜质;花萼管状,密被黑白混生的伏贴毛,萼齿线状披针形,长为萼筒的 1/4 ~ 1/3;花冠浅蓝紫色;旗瓣长,长圆状椭圆形,先端微凹,基部渐狭,翼瓣长圆形,先端微凹或近于全缘,与瓣柄等长,龙骨瓣瓣片较瓣柄稍短或与其等长。荚果长圆形,微弯,被白色短绒毛,近 1 室。花果期 6—8 月。

分布: 我国新疆乌恰、阿克苏、塔什库尔干有分布;青海有分布。吉尔吉斯斯坦、塔吉克斯坦也有。

生境: 石质坡地、水边砾石地。

利用价值: 食用;饲草;保持水土。

（杨赵平　摄）

094 善保黄芪 *Astragalus hoshanbaoensis* Podlech & L.R.Xu

豆科 Fabaceae　黄芪属 *Astragalus*

形态特征： 多年生密丛型垫状草本，植株高 2 ～ 3 cm，无茎或近无茎。根颈具多头根冠。茎（如存在）长 1 cm，密被长 0.5 ～ 0.6 mm 的毛。托叶白色透明，长 2 ～ 3 mm，合生至顶端，与叶柄贴生约 1 mm；上部托叶疏松被毛，边缘具不对称二叉毛至近基着毛，下部托叶仅边缘具纤毛或无毛；叶长 0.5 ～ 1 cm；叶柄长 0.3 ～ 0.6 cm，密被与茎相似的柔毛；小叶 1 对，紧密排列，狭倒卵形，（3 ～ 5）mm×（1 ～ 2）mm，先端钝至急尖，两面密被贴伏中着毛，毛长 0.5 ～ 0.8 mm。总状花序具 2 ～ 8 花，近无梗或具长达 1 cm 的花序梗，密被白色柔毛，同茎；苞片白色膜质，卵形至狭三角形，长 1.5 ～ 3 mm，被白色柔毛，有时混生黑色柔毛，边缘具近基着毛和微小近无柄腺体；小花梗长约 1 mm，被白色和黑色柔毛；花萼长 6 ～ 7 mm，管状，口部稍斜截，密被贴伏中着生的白色和黑色柔毛；萼齿狭三角形至钻形，长约 1 mm，内面密被白色柔毛。花瓣淡紫色，龙骨瓣色深，旗瓣长瓣片倒卵形，先端微凹，基部渐狭，翼瓣长瓣片狭长圆形，钝头，耳部短；雄蕊管口部平截；子房具长约 1 mm 的子房柄，狭椭圆形，被白色柔毛；花柱无毛。荚果未见。

分布： 我国新疆乌恰、塔什库尔干，为新疆特有种。

生境： 石质山坡。

（杨赵平　摄）

095 乌恰黄芪 *Astragalus masenderanus* Bunge

豆科 Fabaceae 黄芪属 *Astragalus*

形态特征： 多年生草本，高达 15 cm。茎极短缩，基部为白色膜质托叶所包被。羽状复叶，小叶 11 ～ 19；叶柄较叶轴短；小叶两面被稀疏伏贴毛。总状花序生 10 余花，花密集；总花梗连同花序轴长达 15 cm，近无毛或被稀疏黑、白色毛；苞片披针形膜质，被白色和黑色缘毛；花萼管状，密被黑、白色混生毛，萼齿线形，长为萼筒的 1/4 ～ 1/3；花冠紫色；旗瓣瓣片倒卵形；翼瓣较旗瓣短，瓣柄与瓣片近等长；龙骨瓣较翼瓣稍短；子房有微毛。荚果无柄，膀胱状膨大，卵圆形，薄膜质，散生白色半伏贴毛，2 室。种子肾形，绿褐色，表面微凹。花果期 5—6 月。

分布： 我国新疆乌恰有分布；河北小五台山也有。

生境： 山坡或砾石滩。

利用价值： 食用；饲草；保持水土。

（杨赵平 摄）

096 雪地黄芪 *Astragalus nivalis* Kar. & Kir.

豆科 Fabaceae　黄芪属 *Astragalus*

形态特征： 多年生草本，被灰白色伏贴毛。茎斜升，高达 25 cm。羽状复叶，小叶 9～17；托叶下部及以上合生，分离部分三角形，被白色毛，少混生黑色毛；小叶圆形，两面被灰白色伏贴毛。总状花序圆球形，花多数；总花梗与叶等长或长为叶的 1～2 倍，被白色毛，近花序轴混生黑色毛；苞片卵圆形，被黑白色毛。花萼果期膨大成卵圆形，被白色毛和较少黑色毛，萼齿狭长三角形，有黑色粗毛；花冠淡蓝紫色；旗瓣瓣片长圆状倒卵形，先端微凹，下部狭成瓣柄；翼瓣较旗瓣稍短，瓣片先端 2 裂；龙骨瓣较翼瓣短，瓣柄较瓣片长。荚果卵状椭圆形，薄革质，具短喙，被开展的黑白色毛，2 室。花果期 6—8 月。

分布： 我国新疆南部乌恰、和静、若羌、且末、于田、和田、阿克陶，北部昭苏等地分布；青海、西藏、内蒙古有分布。印度、巴基斯坦、哈萨克斯坦、吉尔吉斯斯坦、塔吉克斯坦也有。

生境： 山坡草地、干沙地、河漫滩。

利用价值： 食用；饲草；保持水土。

（杨赵平　摄）

097 喜石黄芪 *Astragalus petraeus* Kar. & Kir.（乌恰新记录）

豆科 Fabaceae　黄芪属 *Astragalus*

形态特征： 多年生草本或半灌木，高达 30 cm。茎基部具短而粗的木质化干；茎分枝细弱，匍匐或斜上，幼枝密被灰白色伏贴绒毛。羽状复叶有小叶 9 ~ 15 枚，叶柄较叶轴短；小叶上面被稀疏灰色伏贴毛，下面毛较密。总状花序长 3 ~ 4 cm，排列紧密；总花梗与叶等长或稍短，被白色和黑色粗伏贴毛；花冠紫红色。荚果细圆柱形，长达 30 mm，下垂，向上呈镰刀状弯曲，被白色毛，混生少数黑色毛。花果期 5—7 月。

分布： 我国新疆南部乌恰、拜城、温宿、阿克苏、塔什库尔干，北部阿勒泰、福海、塔城、精河、乌鲁木齐有分布。中亚也有。

生境： 砾石山坡或砾石洪积扇。

利用价值： 保持水土。

（杨赵平　摄）

098 藏新黄芪 *Astragalus tibetanus* Benth. ex Bunge

豆科 Fabaceae　黄芪属 *Astragalus*

形态特征: 多年生草本,高达 35 cm,被白色或黑色伏贴毛。羽状复叶,有 21～41 片小叶;叶柄连同叶轴疏被黑白伏毛;托叶上面散生长毛,边缘具长缘毛;小叶近对生,两面或仅下面疏被白色贴伏毛。短总状花序密集,腋生,生 5～15 花;总花梗连同花序轴疏生黑、白伏贴毛;苞片披针状卵形,膜质,具缘毛;花梗具黑色伏毛;花萼被稍密的黑色伏毛,萼齿线状披针形,内外均密被黑色毛;花冠蓝紫色,旗瓣倒卵状披针形,无瓣柄,翼瓣瓣柄与瓣片等长,龙骨瓣瓣片倒卵状长圆形;子房有短柄,被黑白毛。荚果长圆形,被黑毛混有白色半开展毛,近三棱形,假 2 室。种子淡褐黄色,卵状肾形。花果期 6—9 月。

分布: 我国新疆广布;青海、西藏有分布。俄罗斯、蒙古、哈萨克斯坦、吉尔吉斯斯坦、塔吉克斯坦、乌兹别克斯坦、阿富汗、印度、巴基斯坦、伊朗也有。

生境: 山谷低洼湿地、地埂或山坡草地。

利用价值: 食用;优质牧草。

（杨赵平　摄）

099 鬼箭锦鸡儿 *Caragana jubata* (Pall.) Poir.

豆科 Fabaceae   锦鸡儿属 *Caragana*

形态特征: 灌木,直立或伏地,高达 2 m。树皮深褐色、绿灰色或灰褐色。羽状复叶,4～6 对小叶;托叶先端刚毛状,不硬化成针刺;叶轴宿存,被疏柔毛;小叶长圆形,先端具刺尖头,被长柔毛。花梗单生,基部具关节;苞片线形;花萼钟状管形,被长柔毛,萼齿披针形,长为萼筒的 1/2;花冠玫瑰色至粉白色,旗瓣宽卵形,翼瓣瓣柄长为瓣片的 2/3～3/4,耳狭线形,长为瓣柄的 3/4,龙骨瓣先端斜截平而稍凹,瓣柄与瓣片近等长,耳短,三角形;子房被长柔毛。荚果密被丝状长柔毛。花果期 6—9 月。

分布: 我国新疆广布;甘肃、宁夏、内蒙古、山西、河北、四川、西藏有分布。俄罗斯、蒙古、哈萨克斯坦也有。

生境: 干旱山坡、灌丛、云杉林缘与林下、亚高山草甸、高山山谷草原、河滩。

利用价值: 幼枝可作饲草;观赏;保持水土。

（杨赵平 摄）

100 昆仑锦鸡儿 *Caragana polourensis* Franch.

豆科 Fabaceae　　锦鸡儿属 *Caragana*

形态特征: 小灌木,多分枝,高达 50 cm。树皮褐色或淡褐色,无光泽,具不规则灰白色或褐色条棱,嫩枝密被短柔毛。假掌状复叶,小叶 4;托叶宿存;叶柄硬化成针刺;小叶倒卵形,两面被伏贴短柔毛。花梗单生,被柔毛,关节在中上部;花萼管状,萼齿三角形,基部不为囊状凸起,密被柔毛;花冠黄色,旗瓣近圆形,翼瓣瓣柄短于瓣片,耳短,龙骨瓣的瓣柄较瓣片短,耳短;子房无毛。荚果圆筒状,先端短渐尖。花果期 4—7 月。

分布: 我国新疆天山南坡及昆仑山北坡有分布;甘肃、西藏也有分布。

生境: 低山、河谷、干旱山坡、灌丛、山前冲积扇平原带、石质盐渍化荒漠带及亚高山坡地。

利用价值: 观赏;保持水土。

(杨赵平　摄)

101 粉刺锦鸡儿 *Caragana pruinosa* Kom.

豆科 Fabaceae　　锦鸡儿属 *Caragana*

形态特征: 灌木，高达 1 m。老枝绿褐色或黄褐色，有条纹；一年生枝褐色，嫩枝密被短柔毛。托叶卵状三角形，褐色，被短柔毛，先端有刺尖；叶轴在长枝者短，硬化成粗壮针刺，宿存，被柔毛，短枝上叶轴长，脱落；小叶在长枝者 2～3 对，羽状，短枝者 2 对，假掌状，倒披针形，两面绿色，幼时被短柔毛。花梗单生，被短柔毛；花萼管状，被短柔毛，萼齿三角形；花冠黄色，旗瓣近圆形，具狭瓣柄，翼瓣线形，瓣柄与瓣片近等长，龙骨瓣瓣柄稍长于瓣片；子房被疏柔毛或无毛。荚果线形，被疏柔毛或无毛。花果期 5—7 月。

分布: 我国新疆南部克州、喀什和阿克苏地区分布，北部哈巴河、和布克赛尔、昭苏、巴里坤分布。吉尔吉斯斯坦也有。

生境: 干旱河谷、砾石低山山麓、向阳山坡及山地荒漠带。

利用价值: 观赏；保持水土。

（杨赵平　摄）

102 多刺锦鸡儿 *Caragana spinosa* (L.) DC.（乌恰新记录）

豆科 Fabaceae　　锦鸡儿属 *Caragana*

形态特征： 矮灌木，枝条多刺，高达 50 cm。老枝黄褐色，有棱条；小枝红褐色。托叶三角状卵形，边缘有毛；叶轴在长枝者长 1～5 cm，红褐色或黄褐色，硬化宿存，短枝上叶无柄；小叶在长枝者常 3 对，羽状，短枝者 2 对，簇生或具短叶柄，狭倒披针形，被伏贴柔毛灰绿色。花梗单生或 2 个并生，关节在中下部；花萼管状，萼齿三角状，边缘有毛；花冠黄色，旗瓣倒卵形，瓣柄短，翼瓣瓣片与瓣柄近等长，近无耳，龙骨瓣瓣柄与瓣片近等长，无耳；子房近无毛。花果期 6—9 月。

分布： 我国新疆南部乌恰、和静、轮台、拜城和阿图什分布；北部青河、富蕴、布尔津、和布克赛尔、塔城、哈密、巴里坤也有分布。俄罗斯、蒙古也有。

生境： 生于山坡河边、河漫滩、干河道、盐碱荒滩、砾石戈壁、湿润山坡及灌丛湿地、沟谷中。

利用价值： 观赏；保持水土。

（杨赵平　摄）

103 吐鲁番锦鸡儿 *Caragana turfanensis* (Krassn.) Kom.

豆科 Fabaceae　　锦鸡儿属 *Caragana*

形态特征: 灌木,高达 1 m,多分枝。老枝黄褐色,有光泽;小枝多针刺,淡褐色,无毛,具白色木栓质条棱。叶轴及托叶在长枝者硬化成针刺,宿存;假掌状复叶,小叶 4;托叶具针刺,短枝上叶轴脱落或宿存;小叶革质,倒卵状楔形。花单生,花梗下部具关节;花萼管状,无毛或稍被短柔毛,基部非囊状凸起,萼齿短,具刺尖;花冠黄色;旗瓣瓣柄长为瓣片的 1/3 ～ 1/2,翼瓣瓣柄长超过瓣片的 1/2,耳长为瓣柄的 1/5 ～ 1/4,龙骨瓣的瓣柄较瓣片稍短;子房无毛。荚果长约 6 mm。花果期 5—7 月。

分布: 我国新疆南部广布。哈萨克斯坦也有。

生境: 山坡、河流阶地、荒漠、河谷、砾石冲积扇、河滩等。

利用价值: 观赏;保持水土。

（杨赵平　摄）

104 小叶鹰嘴豆 *Cicer microphyllum* Benth.

豆科 Fabaceae　鹰嘴豆属 *Cicer*

形态特征： 一年生草本，茎直立，高 15～40 cm，多分枝，被白色腺毛。叶具小叶 6～15 对，对生或互生，革质，倒卵形，裂片上半部边缘具深锯齿，先端具细尖，小叶两面被白色腺毛；托叶 5～7 裂，被白色腺毛；叶轴顶端具螺旋状卷须。花单生于叶腋，花梗被腺毛；萼绿色，深 5 裂，裂片披针形，密被白色腺毛；花冠大，蓝紫色或淡蓝色。荚果椭圆形，密被白色短柔毛，成熟后金黄色或灰绿色。种子椭圆形，黑色，表面具小凸起。

分布： 我国新疆天山、阿勒泰山和帕米尔高原有分布；西藏有分布。巴基斯坦、阿富汗和尼泊尔也有。

生境： 阳坡草地，河滩砂砾地、山坡砂砾地、碎石堆。

利用价值： 种子、嫩荚、嫩苗均可供食用；优良饲草。

（杨赵平　摄）

105 红花羊柴 *Corethrodendron multijugum* (Maxim.) B. H. Choi & H. Ohashi

豆科 Fabaceae　羊柴属 *Corethrodendron*

形态特征：半灌木，高达 80 cm。茎多分枝，密被灰白色短柔毛。托叶卵状披针形，棕褐色，干膜质；小叶通常 15～29，上面无毛，下面被贴伏短柔毛。总状花序腋生，花序梗被短柔毛；花 9～25，疏散排列，果期下垂；花萼短于萼筒 3～4 倍；花冠紫红色，旗瓣倒宽卵形，翼瓣长为旗瓣的 1/2，耳与瓣柄近等长，龙骨瓣稍短于旗瓣，前下角呈弓形弯曲；子房线形，被短柔毛。荚果具 2～3 节荚，疏被短柔毛，具细网纹。花果期 6—9 月。

分布：我国新疆乌恰、喀什、民丰、塔什库尔干有分布；西北地区及内蒙古、山西、四川、西藏、河南和湖北有分布。

生境：荒漠地区的砾石质洪积扇、河滩、河谷和砾石质山坡。

利用价值：观赏；保持水土。

（杨赵平　摄）

106 甘草 *Glycyrrhiza uralensis* Fisch.

豆科 Fabaceae　甘草属 *Glycyrrhiza*

形态特征: 多年生草本,高达 1.5 m。外皮红褐色或棕褐色,切面黄色,味甜。根与根状茎粗壮。奇数羽状复叶,小叶 5 ～ 19;小叶椭圆形至矩圆形,具芒尖,两面被短柔毛及黏胶性腺体;叶缘全缘;托叶披针形,早脱落。总状花序腋生,呈头状,密被腺点及短茸毛;小苞片披针形,短于花萼;花萼钟状,5 裂齿;花冠淡蓝紫色,中下部淡黄或白色,旗瓣长圆形,子房密被腺体及刺毛。果穗球状,荚果长椭圆形,镰状弯曲;表面被褐色腺体或硬刺。种子圆形或肾形,绿色或褐色。花果期 7—10 月。

分布: 我国新疆广布;西北、东北、华北平原及山西、内蒙古有分布。俄罗斯和哈萨克斯坦也有。

生境: 山坡灌丛、山谷溪边、河滩草地、轻度盐渍化草甸、垦区农田荒地等。

利用价值: 国家 2 级保护植物。根和根状茎可供药用;饲草;保持水土。

（杨赵平 摄）

107 河滩岩黄芪 *Hedysarum ferganense* var. *poncinsii* (Franch.) L. R. Xu

豆科 Fabaceae　岩黄芪属 *Hedysarum*

形态特征： 多年生草本，高达 35 cm。老茎密丛状，基部有残存叶柄与托叶。叶簇生，托叶白色，硬膜质，被伏贴柔毛；叶片与叶柄近等长；小叶 7～13，小叶圆状倒卵形，叶两面被毛。总状花序密集，花后伸长，超出叶的 1～3 倍；总花梗被伏贴柔毛，近花序轴被毛；花序长卵形，具花 10～23，花斜上升；苞片披针形，淡棕色，被柔毛，2 小苞片丝状；萼齿丝状线形，被柔毛和缘毛；花冠淡紫色，旗瓣倒卵形；翼瓣的爪长比耳长，短于龙骨瓣，龙骨瓣稍短于旗瓣；子房线形，疏被伏贴毛或近无毛。荚果被短柔毛。花果期 6—9 月。

分布： 我国仅在新疆乌恰分布。中亚帕米尔高原和阿赖山脉也有。

生境： 生于山地荒漠和草原带的沙质河滩、砾石质山地草原的冲沟和疏松的坡积物上。

利用价值： 观赏；保持水土。

（杨赵平　摄）

108 紫苜蓿 *Medicago sativa* L.

豆科 Fabaceae　苜蓿属 *Medicago*

形态特征: 多年生宿根性草本，高达 1.5 m。茎直立或斜升，基部多分枝，光滑或微被柔毛。羽状三出复叶，小叶长卵形，基部楔形，上部叶缘有锯齿，两面均有白色长柔毛；托叶披针形，常被柔毛，下部具齿，以至达到深裂。总状花序腋生，卵状矩圆形，短而疏松，含花 5～30，花序梗长于花柄；花萼筒状钟形，萼齿窄披针形，比萼筒长；花冠紫色。荚果螺旋状盘曲 2～4 圈，成熟后黑褐色，稍有毛。种子卵状肾形，黄色、黄绿色或黄褐色。花果期 6—9 月。

分布: 我国新疆广泛种植；东北、华北、西北及江苏各地有栽培。世界各国均有栽培。

生境: 山地草甸、草甸草原、山地和平原河谷灌丛草甸。

利用价值: 优良饲草；绿肥；保持水土。

（杨赵平　摄）

109 草木樨 *Melilotus officinalis* Pall L.

豆科 Fabaceae　草木樨属 *Melilotus*

形态特征: 一年或二年生草本,全草具香气,高达 2 m。茎直立,多分枝,无毛。羽状三出复叶,叶片中脉成短尖头,边缘具疏细齿;托叶线条形,全缘。总状花序腋生,长穗状;花萼钟形,萼齿狭三角形,与萼筒近等长;花冠黄色,旗瓣长于翼瓣。荚果卵圆形,下垂,具突起网脉,无毛;种子1粒。种子卵圆形,褐色。花果期6—8月。

分布: 我国新疆广布;北部、华东、西南各地有分布。欧洲、北美洲、亚洲其他地区也有。

生境: 平原绿洲、山地农区及附近的草甸、河谷。

利用价值: 优良饲草;绿肥;保持水土。

(杨赵平　摄)

110 驴食草 *Onobrychis viciifolia* Scop.

豆科 Fabaceae　驴食草属 *Onobrychis*

形态特征： 多年生草本，高达 80 cm。茎直立，中空，被向上贴伏的短柔毛。小叶 13 ～ 19，几无小叶柄；小叶片长圆状披针形，上面无毛，下面被贴伏柔毛。总状花序腋生；花多数，短花梗；花萼钟状，萼筒常白色，近基部微带紫色，萼齿披针状钻形，长为萼筒的 2 ～ 2.5 倍，下萼齿较短；花冠玫瑰紫色，旗瓣倒卵形，翼瓣长为旗瓣的 1/4，龙骨瓣与翼瓣约等长；子房密被贴伏柔毛。荚果具 1 个节荚，半圆形，上部边缘具或尖或钝的刺，两侧网脊通常不具小突刺。花果期 6—9 月。

分布： 我国新疆有栽培；华北、西北地区也有栽培。欧洲也有。

生境： 山间草地。

利用价值： 优良饲草；观赏。

（杨赵平　摄）

111 小花棘豆 *Oxytropis glabra* (Lam.) DC.

豆科 Fabaceae 棘豆属 *Oxytropis*

形态特征: 多年生草本,高达 80 cm。茎分枝多,无毛或疏被短柔毛;奇数羽状复叶;小叶
11 ~ 19,披针形,下面微被贴伏柔毛;托叶草质,卵形。稀疏总状花序,多花,花序梗长;
苞片膜质,窄披针形;花萼钟形,被贴伏白色短柔毛,萼齿披针状锥形;花冠紫或蓝紫色,旗
瓣瓣片圆形,龙骨瓣具短喙;子房疏被长柔毛。荚果膜质,长圆形,膨胀,下垂,具喙,疏被
伏贴白色短柔毛或兼被黑、白柔毛,后期无毛,1 室。花果期 6—9 月。

分布: 我国新疆各地广布;内蒙古、山西、陕西、甘肃、青海、西藏有分布。俄罗斯、蒙古、
中亚、巴基斯坦也有。

生境: 山坡草地、砾石质山坡、河谷阶地、田边、沼泽草甸、盐土草滩等。

利用价值: 全草有毒,牲畜误食后可中毒;保持水土。

(杨赵平 摄)

112 克氏棘豆 *Oxytropis krylovii* Schipcz.（乌恰新记录）

豆科 Fabaceae　棘豆属 *Oxytropis*

形态特征： 多年生草本，高达 4 cm。茎缩短，匍匐，被贴伏白色疏柔毛。托叶披针状锥形，被纤毛；叶柄与叶轴上面有小沟，被贴伏疏柔毛；小叶 17～29，线状披针形，边缘内卷或折起，下面被贴伏疏柔毛。头形总状花序，少花；总花梗略长于叶，被贴伏疏柔毛；苞片线状锥形，花萼筒状钟形；苞片、花萼和果实皆被贴伏黑色柔毛，并混生白色柔毛；花冠紫色，旗瓣瓣片圆倒卵形，先端微缺，翼瓣先端宽凹，龙骨瓣与翼瓣等长，喙极短；子房被贴伏柔毛。荚果长圆状卵形。花果期 6—7 月。

分布： 我国新疆乌恰、叶城、塔什库尔干、且末及阿尔泰山有分布。俄罗斯、哈萨克斯坦也有。

生境： 高山砾石质山坡、河谷和草地。

利用价值： 有水土保持等生态价值。

（杨赵平　摄）

113 米尔克棘豆 *Oxytropis merkensis* Bunge

豆科 Fabaceae   棘豆属 *Oxytropis*

形态特征: 多年生草本,茎多分枝。奇数羽状复叶,托叶与叶柄贴生很高,被贴伏疏柔毛,边缘具刺纤毛;小叶 13～25,长圆形,两面被疏柔毛,边缘微卷。多花组成疏散总状花序,盛花期和果期伸长达 20 cm;花序梗比叶长 1～2 倍,被贴伏白色疏柔毛,上部混生白柔毛;苞片锥形,被疏柔毛;花萼钟状,被贴伏黑色柔毛;萼齿钻形,短于萼筒;花冠紫或淡白色,旗瓣瓣片比瓣柄长 1～1.5 倍,翼瓣与旗瓣近等长,龙骨瓣稍长于翼瓣,先端具暗紫色斑点及喙。荚果宽椭圆状长圆形,纸质,下垂,被贴伏白色疏柔毛;果柄与花萼等长。种子圆肾形,褐色,光滑。花果期 6—8 月。

分布: 我国新疆广布;宁夏、甘肃、青海、内蒙古有分布。中亚也有。

生境: 高山石质草原化河谷和山坡。

利用价值: 饲草;保持水土。

(杨赵平 摄)

114 冰川棘豆 *Oxytropis proboscidea* Bunge（乌恰新记录）

豆科 Fabaceae　棘豆属 *Oxytropis*

形态特征： 多年生草本，高达 17 cm。茎短缩，丛生。羽状复叶，托叶卵形，彼此合生，与叶柄分离，密被绢质柔毛；羽状复叶，小叶 9～19，长圆形，两面被开展的绢质长柔毛；叶轴具小腺点。多花组成球形或长圆形总状花序；花序梗密被白、黑色卷曲长柔毛；苞片线形，比萼筒稍短；花萼钟状，密被黑色或黑、白色长柔毛，萼齿披针形，短于萼筒；花冠紫红色、蓝色，旗瓣瓣片近圆形，翼瓣倒卵状长圆形，龙骨瓣短于翼瓣，具喙，三角形。荚果纸质，卵状球形，膨胀，密被开展白色长柔毛和黑色短柔毛，1 室，具短柄。花果期 6—9 月。

分布： 我国新疆南部乌恰、若羌、和田有分布；青海、西藏有分布。

生境： 山坡草地、砾石山坡、河滩砾石地、沙质地。

利用价值： 饲草；保持水土。

（杨赵平　摄）

115 奇台棘豆 *Oxytropis qitaiensis* X. Y. Zhu, H. Ohashi & Y. B. Deng（乌恰新记录）

豆科 Fabaceae　棘豆属 *Oxytropis*

形态特征： 多年生草本。茎缩短，高达 40 cm。羽状复叶；托叶硬革质，窄三角形，密被贴伏柔毛；叶柄无毛或疏被贴伏白色柔毛；小叶 18 ～ 34，近卵圆形或圆形，上面几无毛，有时下面密被腺毛。多花组成疏松头形总状花序，总花梗长于叶，苞片窄三角形，被毛；花萼钟状，被白色或黑色柔毛，萼齿线状三角形，与萼筒等长；花冠紫色，旗瓣瓣片圆形，翼瓣瓣片呈窄倒卵形，先端微缺，龙骨瓣瓣片倒卵形，具喙；子房无毛。荚果圆柱状，被贴伏短柔毛。花果期 6—7 月。

分布： 我国新疆南部乌恰、温宿、策勒，北部托里、昭苏、伊吾、奇台有分布。

生境： 山坡草地、森林草甸。

利用价值： 食用；饲草；保持水土。

（杨赵平　摄）

116 胀果棘豆 *Oxytropis stracheyana* Bunge

豆科 Fabaceae　棘豆属 *Oxytropis*

形态特征：多年生草本，高约 3 cm。茎缩短，丛生垫伏，密被枯萎叶柄和托叶。羽状复叶，小叶 5～9，长圆形，两面密被白色绢状柔毛；托叶薄膜质，白色。3～6 花组成伞形总状花序；苞片卵形；花萼筒状，密被白色绢状柔毛；花冠粉红色、淡蓝色、紫红色；子房密被白色绢状长柔毛，具短柄。荚果卵圆形，膨胀，密被白色绢状长柔毛，隔膜窄。花果期 7—9 月。

分布：我国新疆乌恰、阿克陶、喀什、叶城、塔什库尔干、托里、温泉有分布；西藏、甘肃、青海有分布。巴基斯坦、印度和中亚也有。

生境：山坡草地、石灰岩山坡、岩缝中、河滩砾石草地、灌丛下。

利用价值：观赏；保持水土。

（李攀　摄）

117 苦马豆 *Sphaerophysa salsula* (Pall.) DC.

豆科 Fabaceae　苦马豆属 *Sphaerophysa*

形态特征: 多年生草本,高达 1.3 m。植株被灰白色丁字毛。羽状复叶具 11～21 小叶;小叶倒卵形,上面几无毛,下面被白色丁字毛。总状花序长于叶,有 6～16 花;花萼钟状,萼齿三角形,被白色柔毛;花冠初时鲜红色,后变紫红色,旗瓣瓣片近圆形,反折,基部具短瓣柄,翼瓣基部具微弯的短柄,龙骨瓣与翼瓣近等长;子房密被白色柔毛,花柱弯曲,内侧疏被纵裂髯毛。荚果椭圆形,膜质,膨胀,疏被白色柔毛。种子肾形,褐色,种脐圆形凹陷。花果期 5—9 月。

分布: 我国新疆广布;东北、华北有分布。俄罗斯、蒙古、中亚也有。

生境: 山坡、草原、荒地沙滩、戈壁绿洲、湿地、河湖岸边及盐池周围。

利用价值: 地上部分含球豆碱,枝叶可入药;绿肥;饲草。

(杨赵平　摄)

118 高山野决明 *Thermopsis alpina* (Pall.) Ledeb.（乌恰新记录）

豆科 Fabaceae　野决明属 *Thermopsis*

形态特征： 多年生草本，高达 30cm。根状茎发达，茎直立，分枝或不分枝，具沟棱，茎和枝密被白伸展长柔毛。托叶卵形或阔披针形，先端锐尖，基部楔形或近钝圆，上面无毛，下面和边缘被长柔毛，后渐脱落；小叶线状倒卵形至卵形，上面沿中脉和边缘被柔毛或无毛，下面有时被毛较密。总状花序顶生，长 5～15 cm，具花 2～3，轮生；苞片与托叶同型；花萼钟形，被伸展柔毛，背侧稍呈囊状隆起；花冠黄色，花瓣均具长瓣柄；旗瓣阔卵形或近肾形，先端凹缺，基部狭至瓣柄；翼瓣与旗瓣几等长；龙骨瓣与翼瓣近等宽；子房密被长柔毛，具短柄，胚珠 4～8 枚。荚果长圆状卵形，先端骤尖至长喙，扁平，亮棕色，被白色伸展长柔毛。花果期 5—8 月。

分布： 我国新疆天山、塔城北山、阿尔泰山和昆仑山北坡分布；西北、东北、内蒙古、河北及西南地区分布。蒙古、吉尔吉斯斯坦、俄罗斯也有。

生境： 高山冻原、苔原、砾质荒漠、草原和河滩沙地。

利用价值： 观赏；保持水土。

（杨赵平、李攀　摄）

119 新疆野决明 *Thermopsis turkestanica* Gand.

豆科 Fabaceae　野决明属 *Thermopsis*

形态特征： 多年生草本，高达 50 cm。茎直立，多分枝，具槽棱，上部密被贴伏短柔毛。掌状三出复叶，叶柄无；小叶狭披针形，上面无毛，下面密被贴伏细柔毛。总状花序顶生，具花 5～6 轮；苞片披针形，两面密被贴伏毛，宿存；萼钟形，密被贴伏细毛，背部稍呈囊状隆起，上方萼齿狭三角形，下方萼齿披针形；花冠黄色，旗瓣卵形，翼瓣线形，比龙骨瓣窄；子房密被短柔毛，具短柄。荚果线形，扁平，密被贴伏白色短柔毛。种子椭圆形，暗绿色，种脐灰白色。花果期 5—8 月。

分布： 我国新疆天山一带及喀什地区分布。中亚、蒙古和俄罗斯也有。

生境： 河谷滩地、山坡。

利用价值： 全草可入药，具有祛痰镇咳之功效，主治痰喘、干咳等病症；植株含有生物碱，可抑菌杀虫，也具有药理作用；观赏。

（杨赵平　摄）

乌恰野生植物

120 白车轴草 *Trifolium repens* L.（乌恰新记录）

豆科 Fabaceae 车轴草属 *Trifolium*

形态特征： 多年生草本，高达 30 cm。茎匍匐蔓生，节上生根。掌状三出复叶，小叶倒卵形；托叶卵状披针形，膜质，基部抱茎成鞘状。花序球形，顶生，总花梗长，具花 20 ～ 50，密集；无总苞；苞片披针形，膜质，锥尖；花梗比花萼稍长或等长，开花立即下垂；萼钟形，披针形，短于萼筒；花冠白色、乳黄色或淡红色，旗瓣椭圆形，子房线状长圆形。荚果长圆形。种子阔卵形。花果期 5—10 月。

分布： 我国新疆平原绿洲及天山、阿尔泰山、准噶尔和帕米尔高原有分布；东北、华北、华东、西南、华南也有分布。俄罗斯、日本、蒙古、中亚、伊朗、印度及欧洲也有。

生境： 湿润草地、河岸、路边，亚高山草甸，灌丛林下。

利用价值： 治疗妇科病、感冒、疝痛、肺结核等；花和种子也作抗肿瘤药；观赏。

（杨赵平 摄）

120

121 西伯利亚羽衣草 *Alchemilla sibirica* Zämelis（乌恰新记录）

蔷薇科 Rosaceae　羽衣草属 *Alchemilla*

形态特征： 多年生草本，高达 30 cm，植株灰绿色。茎略超过基生叶叶柄长，全株密被开展的柔毛。基生叶肾形，7～9 浅裂片，裂片半圆形，边缘有三角状尖齿，两面被密柔毛，下面沿中脉较密；茎生叶中等大小。花为疏散的聚伞花序，黄绿色；花梗等于或略长于萼筒；萼筒钟状，密被柔毛，或在上面有散生的柔毛，萼片短于萼筒，被柔毛，副萼片略短于萼片。花期6—7 月。

分布： 我国新疆乌恰、富蕴、阿勒泰、和布克赛尔、塔城、巩留分布。西伯利亚也有。

生境： 亚高山草甸及林缘或灌丛。

利用价值： 保持水土。

（杨赵平、李攀　摄）

122 蕨麻 *Argentina anserina* (L.) Rydb.（乌恰新记录）

蔷薇科 Rosaceae　蕨麻属 *Argentina*

形态特征： 多年生草本，根下部有时有块根。茎匍匐，在节处生根，节间长 5 ~ 75 cm。基生叶多数，为不整齐的羽状复叶，小叶 5 ~ 11 对，在叶片间混杂有极小叶片；小叶椭圆形，边缘有缺刻状锯齿，上面绿色，被疏柔毛或脱落无毛，下面密被紧贴银白色绢毛。花单生叶腋；花萼被绢毛及柔毛，副萼片椭圆状披针形常 2 ~ 3 裂，萼片三角状卵形，与副萼片等长或稍短；花瓣黄色，倒卵形，比萼片长 1 倍；花柱侧生，小枝状，柱头稍扩大。花期 5—9 月。

分布： 我国新疆南部乌恰、阿克苏、塔什库尔干、青河、阿勒泰、乌鲁木齐、哈密有分布；东北、华北、西北及四川、云南、西藏有分布。北温带其他国家也有。

生境： 高山草甸、渠畔。

利用价值： 具有止泻、舒张胃肠道和子宫平滑肌的功效，用于治疗消化不良、痛经等；幼嫩苗和肉质根可食用；地上部分含鞣质类成分，可用作收涩剂；优良饲草。

（杨赵平　摄）

123 臭扁麻 *Farinopsis salesoviana* (Stephan) Chrtek & Soják

蔷薇科 Rosaceae 臭扁麻属 *Farinopsis*

形态特征： 多年生灌木或亚灌木，高达 1 m。茎幼时有粉质蜡层，具长柔毛，红褐色。奇数羽状复叶，小叶 7～11，纸质，互生或近对生，长圆状披针形，上面无毛，下面有粉质蜡层及贴生柔毛；上部叶具 3 小叶或单叶。聚伞花序顶生或腋生，有数花疏生；萼片三角状卵形，带红紫色；花瓣倒卵形，约与萼片等长，白色或红色；花托肥厚，半球形，密生长柔毛；子房有长柔毛。瘦果多数，长卵圆形。花果期 6—10 月。

分布： 我国新疆乌恰、和静、玛纳斯、沙湾、尼勒克有分布；西北各地及西藏也有分布。蒙古、西伯利亚、中亚、喜马拉雅山脉也有。

生境： 碎石坡地，雪山山坡，沟谷或河岸。

利用价值： 优良野生花卉；可用于荒山造林及林业生态建设。

（杨赵平　摄）

124 多裂委陵菜 *Potentilla multifida* L.

蔷薇科 Rosaceae　委陵菜属 *Potentilla*

形态特征: 多年生草本植物,高达 40 cm。基生叶羽状复叶,小叶片对生,稀互生,羽状深裂近达中脉,长椭圆形;茎生叶与基生叶形状相似,基生叶托叶膜质,褐色,茎生叶托叶草质,绿色。花两性;伞房状聚伞花序,花梗被短柔毛,花直径达 1.5 cm;萼片 5,三角卵形;花瓣 5,倒卵形,先端微凹,长不超过萼片的 1 倍,黄色;花柱近顶生。瘦果。花期 5—8 月。

分布: 我国新疆广布;东北、华北、西北及四川、云南、西藏有分布。北温带广布。

生境: 河谷、林缘及山坡草地,路边荒地。

利用价值: 全草可入药,具有清热利湿、止血、杀虫等功效,治疗肝炎、蛲虫病、功能性子宫出血、外伤出血等;优质饲草。

（杨赵平　摄）

125 显脉委陵菜 *Potentilla nervosa* Juzep.（乌恰新记录）

蔷薇科 Rosaceae　委陵菜属 *Potentilla*

形态特征： 多年生草本，高达 40 cm。茎直立且被灰白色绒毛及长柔毛。基生叶掌状 3 出复叶，叶柄被灰白色绒毛及长柔毛；小叶无柄或顶生小叶有短柄，小叶长椭圆形，边缘有 6 ～ 10 锯齿，上面被伏生疏柔毛；茎生叶 1 ～ 3，小叶与基生叶小叶相似。聚伞花序伞房状，顶生疏散，多花，花梗密被绒毛；花直径 1.5 ～ 1.8 cm；萼片三角卵形；花瓣黄色，比萼片长 0.5 ～ 1 倍；花柱近顶生，基部扩大不明显，柱头扩大。花果期 6—7 月。

分布： 我国新疆乌恰、塔什库尔干、乌鲁木齐、和布克赛尔、新源、巩留分布。中亚山地也有。

生境： 河谷、干旱草坡及林缘、高山草甸。

利用价值： 具有收敛止泻、祛风除湿、清热解毒的功效；地被植物。

（杨赵平　摄）

126 绢毛委陵菜 *Potentilla sericea* L.（乌恰新记录）

蔷薇科 Rosaceae　委陵菜属 *Potentilla*

形态特征： 多年生草本，花茎直立或上升，高达 20 cm，被开展白色绢毛或长柔毛。基生叶为羽状复叶，有小叶 3～6 对，叶柄被开展白色绢毛或长柔毛；小叶对生稀互生，无柄，小叶长圆形，边缘羽状深裂，裂片边缘反卷，上面伏生绢毛，下面密被白色绒毛；茎生叶 1～2。聚伞花序疏散；花梗密被短柔毛及长柔毛；萼片三角卵形；花瓣黄色，顶端微凹，比萼片稍长。聚合瘦果长圆卵形，褐色，有皱纹。花果期 5—9 月。

分布： 我国新疆乌恰、青河、乌鲁木齐、温泉、伊犁、哈密有分布；东北、西北及西藏也有分布。西伯利亚、蒙古也有。

生境： 山坡草地，云杉林缘、河滩地。

利用价值： 味淡，性凉，具有滋补、清热解毒、收敛止血、止咳化痰的功效，可治疗感冒发热、肠炎、血热及各种出血，鲜品外用于疮毒痈肿及蛇虫咬伤；可为饲料。

（杨赵平　摄）

127 疏花蔷薇 *Rosa laxa* Retz.

蔷薇科 Rosaceae   蔷薇属 *Rosa*

形态特征： 灌木，高 1～2 m。当年生小枝灰绿色，具细直的皮刺，在老枝上刺坚硬，呈镰刀状弯曲，淡黄色。小叶 5～9，椭圆形，具单锯齿，两面无毛或下面稍有绒毛；叶柄有散生皮刺、腺毛或短柔毛；托叶具耳，边缘有腺齿。伞房花序，花 3～6，白色或淡粉红色；苞片卵形，有柔毛和腺毛；花梗有腺毛和细刺；花托卵圆形；萼片披针形，全缘，被疏柔毛和腺毛。果卵球形，红色，萼片宿存。花果期 5—8 月。

分布： 我国新疆广布。中亚、西伯利亚、蒙古也有。

生境： 山坡灌丛、林缘、干河沟及路边。平原地区也有种植。

利用价值： 果实具有强壮止泻、利尿、涩精的功效，用于治疗遗精、遗尿、小便频数、慢性腹泻的功效；根具有清热解毒、活血、止痛的功效，用于治疗跌打损伤、腰膝酸软、疮伤肿毒；花具有祛风解热的功效；观赏；保护水土。

（杨赵平　摄）

128 鸡冠茶 *Sibbaldianthe bifurca* (L.) Kurtto & T. Erikss.

蔷薇科Rosaceae　毛霉草属 *Sibbaldianthe*

形态特征: 多年生草本，植株高大。奇数羽状复叶，有小叶 3～6 对，小叶片条形或长椭圆形，顶端圆钝或二裂；叶柄、花茎下部伏生柔毛或脱落几无毛。花序聚伞状，顶生，花朵较大，长 1.2～1.5 cm；萼片卵圆形，顶端急尖，副萼片卵圆形，比萼片短或近等长，外面被疏毛；花瓣黄色，倒卵形，比萼片稍长；心皮沿腹部有稀疏柔毛；花柱侧生，棒状，顶端缢缩，柱头扩大。花果期 5—10 月。

分布: 我国新疆广布；东北、华北及西北部分也有分布。

生境: 生于 800～3000 m 的高山草甸，河滩水渠及路边草丛。

利用价值: 全草可用于止血止痢；地被植物。

（杨赵平　摄）

129 西伯利亚花楸 *Sorbus sibirica* Hedl.（乌恰新记录）

蔷薇科 Rosaceae　花楸属 *Sorbus*

形态特征： 小乔木，高达 8 m。嫩枝被绒毛覆盖。奇数羽状复叶，小叶数量为 5 ～ 10 对，形状为长圆状披针形，上面绿色，下面灰绿色，沿中脉多少有绒毛。复伞房状花序，花稠密，花轴和小花梗无毛或有疏毛；花瓣白色，圆形；萼筒钟状，萼片宽三角形，无毛；雄蕊短于花瓣；雌蕊 4 个左右。果实球形，颜色鲜红，无蜡粉。花果期在 5—9 月。

分布： 我国新疆乌恰、布尔津、哈巴河有分布。西伯利亚及蒙古也有。

生境： 云杉林缘、喀什方枝柏灌丛林、云杉与冷杉混交林下。

利用价值： 自治区 2 级保护植物。茎和茎皮可用于治疗肺结核、哮喘、咳嗽等；根系非常发达，是水土保持先锋树种；食用；优良的观赏乔木。

（杨赵平、张挺　摄）

130 天山花楸 *Sorbus tianschanica* Rupr.（乌恰新记录）

蔷薇科 Rosaceae　花楸属 *Sorbus*

形态特征： 小乔木，高达 5 m。小枝粗壮，褐色或灰褐色，嫩枝红褐色，初时有绒毛，后脱落。奇数羽状复叶，小叶 6～8 对，卵状披针形，边缘有锯齿，两面无毛，下面色淡，叶轴微具窄翅，上面有沟，无毛；托叶线状披针形，早落。复伞房花序；花轴和小花梗常带红色，无毛；萼片外面无毛；花瓣卵形或椭圆形，白色；雄蕊 15～20，短于花瓣；花柱常 5，基部被白色绒毛。果实球形，暗红色，被蜡粉。花果期 5—9 月。

分布： 我国新疆乌恰、温宿、巴里坤、沙湾、阜康、新源有分布；青海、甘肃和青海有分布。中亚也有。

生境： 高山溪谷中、云杉林缘、喀什方枝柏灌丛林。

利用价值： 果实具有清热利肺、补脾生津、止咳的功效，用于治疗肺结核、哮喘咳嗽、胃炎、胃痛，以及维生素A、维生素C缺乏症等；食用；优良的观赏乔木。

（杨赵平、张挺 摄）

131 中亚沙棘 *Hippophae rhamnoides* subsp. *turkestanica* Rousi

胡颓子科 Elaeagnaceae　沙棘属 *Hippophae*

形态特征: 落叶灌木或小乔木,高达 6 m。嫩枝密被银白色鳞片,一年以上枝鳞片脱落,表皮呈白色,发亮;刺较多而较短,有时分枝,节间稍长。单叶互生,线形,长 15～45 mm,宽 2～4 mm,顶端钝形或近圆形,基部楔形,两面银白色,密被鳞片;叶柄短,长约 1 mm。果实阔椭圆形或倒卵形至近圆形,干时果肉较脆;果梗长 3～4 mm。花果期 5—9 月。

分布: 我国新疆广布。蒙古、阿富汗、中亚也有。

生境: 河谷阶地、山坡、河滩

利用价值: 食用;保持水土。

（杨赵平　摄）

132 新疆梅花草 *Parnassia laxmannii* Pall. ex Schult.（乌恰新记录）

卫矛科 Celastraceae　**梅花草属** *Parnassia*

形态特征： 多年生草本，高约 25 cm。根状茎短粗，顶端有残存褐色鳞片，周围有粗细不等纤维状根。基生叶具长柄；叶卵形，全缘；托叶膜质，白色，边有褐色流苏状毛，早落。茎 2～3 不分枝，近基部具 1 茎生叶，与基生叶相似，但稍小。花单生于茎顶；萼筒管钟状；萼片披针形，全缘，有明显 3 条脉；花瓣白色，有褐色 5 条脉；雄蕊 5，退化雄蕊 5；子房长圆形，柱头 3 裂。蒴果被褐色小点。种子多数，褐色，有光泽。花果期 7—9 月。

分布： 我国新疆广布。蒙古、中亚及西伯利亚也有。

生境： 云杉林边缘，山谷冲积平原阴湿处和河滩草甸、林间草地、高山及亚高山草甸、山谷溪边。

利用价值： 观赏；保持水土。

（杨赵平、李攀　摄）

133 梅花草 *Parnassia palustris* L.

卫矛科 Celastraceae 梅花草属 *Parnassia*

形态特征: 多年生草本,高可达 50 cm。基生叶 3 至多数,具柄;叶片卵形,被紫色斑点,脉近基部 5 ~ 7 条,下面更明显;叶柄有窄翼,具紫色斑点;托叶膜质,边有褐色流苏状毛,早落。茎 2 ~ 4 条,近中部具 1 茎生叶,与基生叶同形,其基部有铁锈色附属物,无柄半抱茎。花单生于茎顶;萼片椭圆形,全缘,密被紫褐色小斑点;花瓣白色,基部有爪,全缘,常有紫色斑点;雄蕊 5,长短不等,退化雄蕊分枝 7 ~ 16 个且长短不等,顶端有球形腺体;子房卵球形,柱头 4 裂。蒴果卵球形,干后有紫褐色斑点,呈 4 瓣开裂。种子长圆形,褐色,有光泽。花果期 7—10 月。

分布: 我国新疆广布;西北其他地区及华北、东北有分布。蒙古、朝鲜、日本、哈萨克斯坦、欧洲、北美及北非各地也有。

生境: 潮湿的沟边或河谷地阴湿处、山地草甸、河谷阶地、河漫滩、山溪河边及沼泽地。

利用价值: 观赏;保持水土。

(杨赵平 摄)

134 西藏堇菜 *Viola kunawarensis* Royle

堇菜科 Violaceae　堇菜属 *Viola*

形态特征： 多年生矮小草本，高达 6 cm。根状茎缩短，节间短且密生；根带褐色或苍白色。叶均基生，莲座状；叶片厚纸质，卵形，托叶膜质，带白色，疏生具腺体的流苏。花小，深蓝紫色；花梗与叶近等长，中部稍上处有 2 枚小苞片，近对生，线形，边缘下部疏生腺体状流苏；萼片长圆形，具 3 脉，边缘狭膜质；花瓣具白色脉纹；距极短，呈囊状，与萼的附属物近等长；下方 2 枚雄蕊背方之距极短；花柱棍棒状，基部明显膝曲，向前方伸出极短的喙。蒴果卵圆形。花果期 6—8 月。

分布： 我国新疆乌恰、和硕、和静、塔什库尔干、策勒、奇台、阜康、乌鲁木齐、沙湾、昭苏有分布；甘肃、青海、四川、西藏也有分布。哈萨克斯坦、吉尔吉斯斯坦、塔吉克斯坦、阿富汗、印度、巴基斯坦也有。

生境： 高山及亚高山草甸，或亚高山灌丛。

利用价值： 观赏；地被植物。

（杨赵平　摄）

135 阿富汗杨 *Populus afghanica* (Aitch. & Hemsl.) C. K. Schneid（乌恰新记录）

杨柳科 Salicaceae 杨属 *Populus*

形态特征： 中等乔木。树冠宽阔开展；树皮淡灰色；小枝淡黄褐色或淡黄色，无毛。萌枝叶菱状卵圆形；短枝叶下部者较小，倒卵圆形；中部者宽长近相等，圆状卵圆形；上部叶较大，三角状圆形或扁圆形，宽等于或略大于长，基部阔楔形、圆形或截形，边缘具钝圆锯齿，微有半透明边，两面无毛；叶柄圆形。雄花序长至 4 cm；雌花序长 5～6 cm，花柱短，柱头 2。蒴果，2 瓣裂。花果期 4—6 月。

分布： 我国新疆乌恰、阿克陶、叶城、和田、墨玉、皮山分布。中亚南部、伊朗、阿富汗、巴基斯坦也有。

生境： 低山至高山河谷岸边，呈带状或片状分布。

利用价值： 保持水土。

（杨赵平 摄）

136 伊犁柳 *Salix iliensis* Regel

杨柳科 Salicaceae 柳属 *Salix*

形态特征: 大灌木,株高达 2 m。树皮深灰色;小枝淡黄色。叶椭圆形、倒卵状椭圆形,全缘,上面暗绿色,下面淡绿色,无毛,幼叶有短绒毛;叶柄微有毛;托叶肾形,有齿牙。花先叶或与叶近同时开放;雄花序无梗;雌花序具短梗和小叶,长 1 ~ 2 cm;苞片倒卵状长圆形,先端钝,暗棕色至近黑色;子房长圆锥形,密被灰绒毛。蒴果灰色。花果期5—6月。

分布: 我国新疆天山山脉。中亚、巴基斯坦、阿富汗也有。

生境: 雪岭云杉林缘、疏林、混交林及山河岸边。

利用价值: 保持水土。

（杨赵平　摄）

137 天山柳 *Salix tianschanica* Regel（乌恰新记录）

杨柳科 Salicaceae　柳属 *Salix*

形态特征： 灌木，高达 3 m，多分枝。小枝栗红色，有光泽，芽小，披针形。叶椭圆形或倒卵状椭圆形，上面绿色，下面较淡；托叶斜卵形，边缘有腺齿。花几与叶同时开放，花序长 2～3 cm；花序梗短，基部具鳞片状叶，早落；苞片长卵圆形，栗色至近黑色，有长毛；腺体 1，腹生；雄蕊 2，花丝离生（稀部分合生），基部有柔毛，花药黄色；子房卵形，有绒毛，有柄，花柱和柱头都短。蒴果褐色，有疏毛。花果期 5—6 月。

分布： 我国新疆乌恰、昌吉、新源、巩留分布。中亚天山也有。

生境： 天山山区河岸边及林缘或灌丛中。

利用价值： 保持水土。

（杨赵平 摄）

138 线叶柳 *Salix wilhelmsiana* M. Bieb.（乌恰新记录）

杨柳科 Salicaceae　柳属 *Salix*

形态特征： 灌木或小乔木，高达 5～6 m。小枝细长，末端半下垂，紫红色或栗色，被疏毛。芽卵圆形钝，先端有绒毛。叶线形，嫩叶两面密被绒毛，后仅下面有疏毛，边缘有细锯齿；叶柄短；托叶细小，早落。花序与叶近同时开放；苞片卵形，淡黄色或淡黄绿色，外面和边缘无毛，稀有疏柔毛或基部较密；仅 1 腹腺；雄花序近无梗，雄蕊 2，连合成单体，花丝无毛；雌花序细圆柱形，果期伸长，基部具小叶；子房卵形，密被灰绒毛，无柄，花柱较短，红褐色，全缘或 2 裂。花果期 5—6 月。

分布： 我国新疆乌恰、和硕、且末、和田、霍城、伊宁、察布查尔分布。中亚、伊朗、阿富汗、巴基斯坦、印度、高加索、欧洲也有。

生境： 荒漠、沙地，昆仑北坡山河谷尤为普遍。

利用价值： 保持水土。

（杨赵平　摄）

139 西藏大戟 *Euphorbia tibetica* Boiss.（乌恰新记录）

大戟科 Euphorbiaceae　　大戟属 *Euphorbia*

形态特征： 多年生草本，高达 30 cm。茎蓝绿色，常带红色，茎具不育枝和能育枝。叶互生，长圆状线形，沿边缘具缺刻状小尖齿，近无柄；苞叶和小苞叶 2，对生，卵状长圆形。茎枝顶端具 2～3 伞梗的复伞形花序，常在分叉处单生 1 杯状花序；总苞陀螺状，沿边缘 5 裂；腺体 5，长圆形，深褐色；花柱 3，离生且极短，先端 2 浅裂。蒴果钝圆锥状卵形，有 3 浅沟，明显从杯状花序中伸出。种子长圆形，光滑，褐色，具钝圆锥状的黄色种阜。花果期 6—9 月。

分布： 我国新疆乌恰、于田、策勒、和田、叶城有分布；西藏也有分布。印度、巴基斯坦、中亚地区也有。

生境： 砾石山坡、沙滩、沙地。

利用价值： 可用作抗肿瘤药物。

（杨赵平　摄）

140 中亚大戟 *Euphorbia turkestanica* Franch.（乌恰新记录）

大戟科 Euphorbiaceae　大戟属 *Euphorbia*

形态特征：多年生草本，全株光滑无毛，高达 20 cm。茎直立，顶端二歧分枝。叶近对生，长方形或近长方形，于茎下部较小，向上渐大，边缘具细齿或近波状；无托叶；总苞叶 3 枚，同茎生叶；伞幅 3 条，长超过总苞叶；苞叶 2 枚，与茎生叶相同。花序单生，近阔钟状，边缘 5 裂；雄花多数，明显伸出总苞外；雌花的子房柄伸出总苞外，花柱 3，柱头不分裂。蒴果卵球状；花柱宿存；成熟时分裂为 3 个分果片。种子扁圆柱状，灰褐色，种阜盾状心形，橘黄色。花果期 5—7 月。

分布：我国新疆乌恰、霍城分布。哈萨克斯坦、乌兹别克斯坦也有。

生境：高山山坡和草甸、田间。

利用价值：味苦、辛，性寒，归肺、脾、肾经。

（杨赵平、李攀　摄）

141 短柱亚麻 *Linum pallescens* Bunge（乌恰新记录）

亚麻科 Linaceae　亚麻属 *Linum*

形态特征： 多年生草本，高达 50 cm。茎多数丛生，直立或基部仰卧，不分枝或上部分枝，具卵形鳞片状叶。茎生叶散生，线状条形，叶缘内卷。单花腋生或组成聚伞花序；萼片 5，卵形，先端具短尖头，果期中脉明显隆起；花瓣倒卵形，白色或淡蓝色，先端微凹；雄蕊和雌蕊近等长。蒴果近球形，草黄色。种子扁平，椭圆形，褐色。花果期 6—9 月。

分布： 我国新疆乌恰、和静、和布克赛尔、特克斯、昭苏、伊吾、巴里坤分布；内蒙古、宁夏、陕西、甘肃、青海和西藏有分布。俄罗斯和哈萨克斯坦也有。

生境： 低山干山坡、荒地和河谷砂砾地。

利用价值： 观赏，保持水土。

（杨赵平　摄）

142 宿根亚麻 *Linum perenne* L.（乌恰新记录）

亚麻科 Linaceae　亚麻属 *Linum*

形态特征：一年生草本，高达 70 cm。主根垂直，粗壮，木质化。茎从基部分枝，直立或斜生，通常有不育枝。叶互生，条形或条状披针形，长达 2.2 cm，先端尖，具 1 脉，无毛；下部叶枯，不育枝上的叶较密。聚伞花序，花多数，直径约 2 cm，花梗细长；萼片卵形，下部有 5 条突出脉，边缘狭膜质；花瓣倒卵形，暗蓝色或蓝紫色；雄蕊与花柱异长。蒴果近球形，直径 6～7 mm。花果期 6—9 月。

分布：我国新疆乌恰、布尔津、哈巴河、塔城、精河分布；东北、西北、华北也有分布。俄罗斯、蒙古、欧洲也有。

生境：中高海拔草原、灌木丛林。

利用价值：藏医用于治疗子宫瘀血、闭经、虚劳；观赏；保持水土。

（杨赵平　摄）

143 草地老鹳草 *Geranium pratense* L.（乌恰新记录）

牻牛儿苗科 Geraniaceae　老鹳草属 *Geranium*

形态特征： 多年生草本，高达 50 cm。茎单一或数个丛生，假二叉状分枝。叶基生和茎上对生；托叶披针形，外被疏柔毛；叶片肾圆形或上部叶五角状肾圆形，掌状 7～9 深裂至近茎部。总花梗腋生或于茎顶集为聚伞花序，每梗具 2 花；苞片狭披针形；萼片卵状椭圆形；花瓣紫红色；雄蕊稍短于萼片，花丝上部紫红色；雌蕊被短柔毛，花柱分枝紫红色。蒴果被短柔毛和腺毛。花果期 6—9 月。

分布： 我国新疆乌恰、阿克陶、和静、富蕴、塔城、奇台、沙湾、霍城、伊宁、哈密分布；东北、西北、华北、四川和西藏有分布。俄罗斯、蒙古、日本、朝鲜及欧洲、北美洲也有。

生境： 山地草甸和亚高山草甸。

利用价值： 观赏；保持水土。

（杨赵平　摄）

144 岩生老鹳草 *Geranium saxatile* Kar. & Kir.

牻牛儿苗科 Geraniaceae　老鹳草属 *Geranium*

形态特征: 多年生草本，根状茎短，具多数柱状肉质粗根。茎高达 7 cm 或无茎，密被倒向伏毛。叶近圆形，掌状 5 深裂，叶上面被向下伏毛，下面无毛或仅沿脉有短毛，边缘有缘毛；基生叶具长柄，被短毛。聚伞花序顶生，2 花；花序轴和花梗上均被开展柔毛或杂有腺毛；萼片具短尖头；花瓣略带紫色，基部具缘毛，先端具凹槽；柱头干时紫色。果实直立，带有白色透明腺毛和短柔毛。花果期 7—9 月。

分布: 我国新疆乌恰、喀什、莎车、乌什、乌鲁木齐和精河分布。哈萨克斯坦也有。

生境: 高山和亚高山草甸。

利用价值: 观赏，保持水土。

（杨赵平　摄）

145 柳兰 *Chamerion angustifolium* (L.) Holub（乌恰新记录）

柳叶菜科 Onagraceae　柳兰属 *Chamerion*

形态特征： 多年生粗壮草本，高达 1 m。茎不分枝或上部分枝。叶螺旋状互生，无柄；苞片下部的叶三角状披针形。花序总状，直立；花在芽时下垂，到开放时直立展开；花蕾倒卵状；子房淡红色或紫红色；萼片紫红色，长圆状披针形，被灰白柔毛；花冠粉红至紫红色，稀白色；花药长圆形；花柱开放时强烈反折，后恢复直立；柱头白色。蒴果密被贴生的白灰色柔毛。花果期 6—10 月。

分布： 我国新疆广布；东北、华北、西北及四川西部、云南西北部、西藏有分布。北温带与寒带地区，欧洲、小亚细亚东经喜马拉雅至日本，高加索经西伯利亚东至蒙古、朝鲜半岛，以及北美也有。

生境： 山区较湿润草坡灌丛、高山草甸、砾石坡、亚高山草甸、山地草原、山谷低湿地、沼泽、河边。

利用价值： 蜜源植物；其嫩苗开水烫熟后可作沙拉食用；茎叶可作猪饲料；根状茎可入药，具有消炎止痛的功效，用于治疗跌打损伤；全草含鞣质，可制栲胶。

（杨赵平　摄）

146 宽叶柳兰 *Chamerion latifolium* (L.) Fr. & Lange（乌恰新记录）

柳叶菜科 Onagraceae　柳兰属 *Chamerion*

形态特征： 多年生草本，高达 35 cm。茎常不分枝或中上部分枝，疏被短柔毛。叶下部对生，上部互生，长圆状披针形，全缘，两面疏被短曲柔毛，无柄。总状花序顶生；苞片条状披针形；花柄密被短柔毛；萼筒稍延伸于子房之上，裂片 4，紫色，条状披针形，外面被短柔毛；花瓣 4，紫红色，倒卵形；雄蕊 8，4 长 4 短；柱头 4 裂，裂片披针形，直立或反卷；花柱短于雄蕊。蒴果圆柱状。种子小，顶端具种缨。花果期 6—9 月。

分布： 我国新疆南部乌恰、塔什库尔干、和静分布，北部广布；青海、云南和西藏有分布。俄罗斯、哈萨克斯坦及欧洲、美洲也有。

生境： 河谷冰川冲积土、高山地区河旁沙地或草地。

利用价值： 观赏；保持水土。

（杨赵平　摄）

147 沼生柳叶菜 *Epilobium palustre* L.（乌恰新记录）

柳叶菜科 Onagraceae   柳叶菜属 *Epilobium*

形态特征： 多年生草本，高达 50 cm。茎基部具匍匐枝或地下有匍匐枝，上部被曲柔毛，向下渐少。茎下部叶对生，上部叶互生，卵状披针形至条形，先端渐尖，基部楔形，上面有弯曲短毛，下部仅沿中脉也有，全缘，边缘常反卷，无柄。花单生于茎顶或腋生，淡紫红色；花萼 4 裂，裂片披针形，外被短柔毛；花瓣 4，倒卵形；雄蕊 8，4 长 4 短。蒴果圆柱形，被曲柔毛；果柄长 1～2 cm。种子倒披针形，暗棕色。花果期 7—9 月。

分布： 我国新疆南部乌恰、北部和东部广布；西北、东北、华北有分布。北半球温带与寒带湿地也有。

生境： 前山带至山地河岸、低湿地。

利用价值： 全草可入药，具有清热消炎、镇咳、疏风的功效。

（杨赵平　摄）

148 小果白刺 *Nitraria sibirica* Pall.

白刺科 Nitrariaceae   白刺属 *Nitraria*

形态特征: 灌木，高达 1.5 m。茎弯，多分枝，枝铺散；小枝灰白色，不孕枝先端刺针状。叶近无柄，在嫩枝上 4 - 6 片簇生，倒披针形，无毛或幼时被柔毛。聚伞花序被疏柔毛；花小，黄绿色，排成顶生聚伞花序，生于嫩枝顶部；萼片 5，绿色。果椭圆形或近球形，熟时暗红色，果汁暗蓝色，带紫色，味甜而微咸；果核卵形，先端尖。花果期 5—8 月。

分布: 我国新疆广布；华北、东北和西北地区有分布。俄罗斯、蒙古也有。

生境: 轻度盐渍化低地、湖盆边缘沙地、盐渍化沙地、沿海盐化沙地。

利用价值: 果实可入药，具有健脾胃、助消化的功效；枝、叶、果可作饲料；对湖盆和绿洲边缘沙地有良好的固沙作用。

（杨赵平　摄）

149 骆驼蓬 *Peganum harmala* L.

白刺科 Nitrariaceae　骆驼蓬属 *Peganum*

形态特征： 多年生草本，高达 70 cm，无毛。茎直立或开展，由基部多分枝。叶互生，卵形，全裂为 3～5 条形或披针状条形裂片。花单生枝端，与叶对生；萼片 5，裂片条形，有时仅顶端分裂；花瓣黄白色，倒卵状矩圆形；雄蕊 15，花丝近基部宽展；子房 3 室，花柱 3。蒴果近球形。种子三棱形，稍弯，黑褐色、表面被小瘤状突起。花果期 5—9 月。

分布： 我国新疆广布；宁夏、甘肃和西藏有分布。俄罗斯、蒙古、伊朗、印度、巴尔干及非洲也有。

生境： 荒漠地带干旱草地、绿洲边缘轻盐渍化沙地、壤质低山坡或河谷沙丘。

利用价值： 全草入药可治疗关节炎，又可作杀虫剂；冬季饲料；可作科普植物素材；种子可作红色染料；榨油可供轻工业用；叶子揉碎能洗涤泥垢，代肥皂用；也可用于沙地、坡地绿化。

（杨赵平　摄）

150 天山假狼毒 *Diarthron tianschanicum* (Pobed.) Kit Tan

瑞香科 Thymelaeaceae　　草瑞香属 *Diarthron*

形态特征： 多年生草本，高达 30 cm。根茎木质，黄褐色，10～20 条自基部发出，不分枝。叶散生，长圆状椭圆形，全缘；叶柄基部具关节，扁平。花淡粉红色，头状或短穗状花序，顶生，无苞片；花梗短，顶端具关节；花萼筒漏斗状圆筒形，具关节，关节之下宿存，关节之上脱落，裂片 4；雄蕊 8，2 轮，着生于花萼筒关节之上；花盘环状，边缘宽凸起，牙齿状；子房椭圆形，具褐色长柔毛，柱头球形。坚果绿色，包藏于宿存的花萼筒基部，椭圆形。花果期 6—8 月。

分布： 我国新疆乌恰、喀什、昭苏分布。哈萨克斯坦也有。

生境： 高山、冻原及山坡草地。

利用价值： 保持水土。

（杨赵平　摄）

151 刺山柑 *Capparis spinosa* L.（乌恰新记录）

山柑科 Capparaceae　山柑属 *Capparis*

形态特征：蔓生灌木。根粗壮。枝条平卧，辐射状展开。单叶互生，肉质，圆形，先端常具尖刺；托叶2，变成刺状，直或弯曲，黄色。花大，单生于叶腋；萼片4，排列成2轮，外轮2枚龙骨状；花瓣4，白色或粉红色，其中2枚较大，基部相连，膨大，具白色柔毛；雄蕊多数，长于花瓣；花盘被基部膨大的花瓣与萼片所包被。蒴果浆果状，椭圆形，果肉血红色。种子肾形，具褐色斑点。花果期5—9月。

分布：我国新疆天山山脉和帕米尔高原山麓有分布；西藏、甘肃有分布。哈萨克斯坦、阿富汗、伊朗、土耳其、巴尔干与欧洲南部也有。

生境：荒漠地带的戈壁、沙地、石质山坡及山麓、农田附近。

利用价值：叶、果和根皮性温，味辛、苦，有毒，主治湿寒性或黏液质性疾病、关节疼痛、坐骨神经痛等；可作观赏、水土保持、固沙植物。

（杨赵平　摄）

152 庭荠 *Alyssum desertorum* Stapf（乌恰新记录）

十字花科 Brassicaceae　庭荠属 *Alyssum*

形态特征：一年生草本，高达 15 cm。茎直立或外倾，不分枝或自基部分枝，整株被贴伏状星状毛，茎部较密，呈灰绿色。叶条状长圆形或条状倒卵形，无柄，但茎下部的小叶有短梗。花序伞房状，果期伸长，长度为高度 1/2 或更长；萼片近相等，直立，外面有星状毛或分枝毛；花瓣淡黄色，长圆楔形，顶端微缺刻；长雄蕊花丝扁，中部以下变宽，短雄蕊花丝具 2 裂附片。短角果近圆形，压扁，顶端微缺，无毛，花柱宿存。种子每室 2 粒，有窄边。花果期 4—7 月。

分布：我国新疆南部乌恰、北部广布。西伯利亚、中亚、蒙古、伊朗、亚洲西部与欧洲的东部也有。

生境：生于低山至高山荒漠地的砾石滩、路旁、田野、山坡。

利用价值：粗蛋白含量高，粗脂肪、钙含量丰富，是荒漠区的中等饲用植物。

（杨赵平　摄）

152

153 欧洲山芥 *Barbarea vulgaris* R. Br. ex W. T. Aiton（乌恰新记录）

十字花科 Brassicaceae 山芥属 *Barbarea*

形态特征： 二年生草本，高达 70 cm。植株光滑无毛，茎具叶柄下延长之棱。基生叶与下部茎生叶大头羽状裂；侧裂向叶基渐小，叶柄宽扁，近基处基生叶有翅；茎生叶有耳，翅缘与叶耳缘有疏短粗毛；上部茎生叶宽披针形，边缘具翅或不规则的浅裂，无柄，基部耳形，抱茎。总状花序顶生或腋生，于茎顶成圆锥状；萼片长矩圆状椭圆形，均淡黄色；花瓣黄色，基部渐窄成短爪；雄蕊 6；侧蜜腺内侧联合，马蹄铁形，位于长雄蕊间靠外侧。长角果四棱状圆柱形，弧曲；果瓣龙骨状隆起。种子椭圆形，暗褐色。花期 4—5 月。

分布： 我国新疆南部乌恰，北部额敏、玛纳斯、伊宁、新源、巩留、昭苏有分布。亚洲、欧洲广布。

生境： 低山至高山草原带及森林带林缘。

利用价值： 花叶可供观赏。

（杨赵平 摄）

154 高山离子芥 *Chorispora bungeana* Fisch. & C. A. Mey.（乌恰新记录）

十字花科 Brassicaceae 离子芥属 *Chorispora*

形态特征： 多年生草本，高达 10 cm。茎短缩，植株具白色疏柔毛。叶多数，基生，叶片长椭圆形，羽状深裂或全裂，裂片近卵形，全缘，顶端裂片最大，背面具白色柔毛；叶柄扁平，具毛。花单生，花柄细，长 2～3 cm；萼片宽椭圆形，背面具白色疏毛，内轮 2 枚略大，基部呈囊状；花瓣紫色，宽倒卵形，顶端凹缺，基部具长爪。长角果念珠状，顶端具细而短的喙，果梗与果实近等长。种子淡褐色，椭圆形而扁。花果期 7—8 月。

分布： 我国新疆南部乌恰、北部精河及天山山脉分布。中亚、巴基斯坦、阿富汗也有。

生境： 亚高山及高山草甸、草原或沼泽地。

利用价值： 观赏；保持水土。

（杨赵平 摄）

155　西伯利亚离子芥 *Chorispora sibirica* (L.) DC.（乌恰新记录）

十字花科 Brassicaceae　离子芥属 *Chorispora*

形态特征： 一至多年生草本，高达 30 cm。自基部多分枝，植株被稀疏单毛及腺毛。基生叶丛生，叶片披针形至椭圆形，边缘羽状深裂至全裂，基部具柄；茎生叶互生，与基生叶同形而向上渐小。总状花序顶生，花后延长；萼片长椭圆形，边缘白色膜质，背面具疏毛；花瓣鲜黄色，近圆形至宽卵形，具脉纹，顶端微凹，基部具爪。长角果圆柱形，微向上弯曲，在种子间紧缢呈念珠状，顶端具喙，喙与果实顶端有明显界线；果梗较细，具腺毛。种子小，褐色，无膜质边缘。花果期 4—8 月。

分布： 我国新疆南部乌恰、喀什、和静广布；北部广布。中亚、巴基斯坦、印度也有。

生境： 低海拔至中高海拔山区草原及农田、荒地。

利用价值： 观赏；保持水土。

（杨赵平　摄）

156 准噶尔离子芥 *Chorispora songarica* Schrenk（乌恰新记录）

十字花科 Brassicaceae 离子芥属 *Chorispora*

形态特征： 一年生或多年生草本，高达 20 cm，被腺毛与少数长单毛。叶多基生，具柄，羽状深裂到全裂，裂片卵状三角形至长圆形；茎生叶与基生叶相似。花序花时密集，果时极为伸长成总状；萼片条状长圆形，边缘白色膜质，顶端有少数长单毛，内轮基部呈囊状；花瓣黄色，前端有缺刻，瓣片宽卵形，基部具爪；雄蕊花丝扁，花药条形。果梗上翘，长角果念珠状，向上呈镰状弯曲，具喙。种子椭圆形，淡褐色。花果期 5—8 月。

分布： 我国新疆乌恰、和静、温泉分布。中亚也有。

生境： 海拔 2000 m 以上草原带的草原、山坡。

利用价值： 观赏；保持水土。

（杨赵平　摄）

157 播娘蒿 *Descurainia sophia* (L.) Webb ex Prantl

十字花科 Brassicaceae　　播娘蒿属 *Descurainia*

形态特征: 一年生草本,高达 80 cm。茎分枝多,基部叶较密集,下部常呈淡紫色。叶为三回羽状深裂,下部叶具柄,上部叶无柄。花序伞房状,果期伸长;萼片直立,早落,长圆条形;花瓣黄色,长圆状倒卵形,具爪;雄蕊 6 枚,比花瓣长 1/3。长角果圆筒状,无毛,稍内曲,与果梗不成一条直线,果瓣中脉明显;种子每室 1 行。种子小,长圆形,稍扁,淡红褐色,表面有细网纹。花果期 4—7 月。

分布: 我国新疆南部塔里木盆地北缘及新疆北部广布;除华南外的其他地区有分布。亚洲、欧洲、非洲、北美洲均也有。

生境: 农业区农田及中低海拔的草甸、林缘。

利用价值: 种子可入药,具有利尿消肿、祛痰定喘的功效;种子含油 40%,油工业用,并可食用。

（杨赵平　摄）

158 西伯利亚葶苈 *Draba sibirica* (Pall.) Thell.

十字花科 Brassicaceae 葶苈属 *Draba*

形态特征: 多年生草本,高达 18 cm。根茎部宿存稀疏的枯叶,成纤维状鳞片,禾秆色,上部成不育枝。基生叶近于莲座状,上部叶互生,叶披针形。总状花序着花 6 ~ 15,花人,密集成头状,结实时显著伸长;小花梗细,无毛;萼片卵形;花瓣黄色,瓣脉稍深,长倒卵状楔形;花药心脏形,花丝基部扩大;雌蕊瓶状。短角果卵状披针形,果梗近于直角开展,扁平,稍向内弯,无毛。花果期 5—7 月。

分布: 我国新疆乌恰、阿勒泰、裕民分布。西伯利亚、西天山、欧洲及北极也有。

生境: 亚高山至高山山地阳坡、阴湿陡坡、高寒荒漠、草甸带山坡。

利用价值: 观赏;保持水土。

(杨赵平 摄)

159 西藏葶苈 *Draba tibetica* Hook. f. & Thomson（乌恰新记录）

十字花科 Brassicaceae　葶苈属 *Draba*

形态特征: 多年生丛生草本，高达 25 cm。根茎分枝，分枝茎基部有条状披针形枯叶，成覆瓦状鳞片宿存，禾草色，上部叶密集成莲座状。花茎细，无叶或有 1 ～ 2 叶，被不规则星状毛和分枝毛。基生叶长椭圆形或窄卵状楔形，全缘或略有细齿，密生较长的分枝毛和星状毛，边缘有时有少量单毛；茎生叶与基生叶相同或稍宽。总状花序有花 6 ～ 10，较疏生，结实时伸长；萼片长椭圆形，密生长分枝毛；花瓣白色，长倒卵状楔形；花丝基部扩大；子房长圆形；花柱细长，柱头稍宽。幼果窄条形，和小花梗等长或稍长；果瓣薄，有星状毛和叉状毛。花果期 6—8 月。

分布: 我国新疆乌恰、塔什库尔干、沙湾、昭苏、巴里坤等分布；西藏札达也有分布。中亚也有。

生境: 高山坡灌丛林、草甸。

利用价值: 保持水土。

（杨赵平 摄）

160 微柱葶苈 *Draba turczaninowii* Pohle & N. Busch（乌恰新记录）

十字花科 Brassicaceae 葶苈属 *Draba*

形态特征： 多年生草本，高达 14 cm。根状茎分枝，被宿存的鳞片状叶柄。基生叶椭圆形或倒披针形，全缘或有少数小齿，上面无毛至少毛，下面被较密的短星状毛、分枝毛和叉状毛；茎生叶 1～3 枚，椭圆形，两面被小星状毛。花葶 1 至数个生于莲座状叶丛，稀被小星状毛、分枝毛。花序花时伞房状，果时呈总状；花序轴及花梗无毛；萼片略被单毛与分叉毛；花瓣白色，长圆状卵形。角果披针状长椭圆形，无毛；宿存花柱长约 0.3 mm。花果期 5—7 月。

分布： 我国新疆乌恰、塔什库尔干、乌鲁木齐、沙湾、昭苏分布。俄罗斯的远东与西伯利亚、中亚、蒙古也有。

生境： 高寒荒漠、高山草甸。

利用价值： 保持水土。

（杨赵平 摄）

161 沟子荠 *Eutrema altaicum* (C. A. Mey.) Al-Shehbaz & Warwick

十字花科 Brassicaceae　山荠菜属 *Eutrema*

形态特征：多年生草本，高 4 ～ 25 cm，无毛。根粗。茎自基部多分枝，直立，外倾或铺散。叶具柄，柄长 2 ～ 6 mm，以基生者为最长，向上渐短；叶片长圆形或卵形，少数为宽圆形，长约 1.5 mm。花腋生，蕾期紧密成伞房状；花柄长 4 ～ 7 mm；萼片膜质，黄色，长圆状宽卵形，长 1 ～ 1.5 mm，宽约 1 mm，顶端钝，近截形，背面隆起；花瓣白色，倒卵形，长 1.8 ～ 2.25 mm，宽 1 ～ 1.5 mm。短角果圆筒状钻形，直或稍弯曲，长 4 ～ 9 mm，宽 1.5 ～ 2 mm；果瓣基部略成囊状，顶端渐尖，表面有短柱状毛或无毛，花柱明显。种子每室 2 ～ 4 粒。花果期 6—9 月。

分布：我国新疆乌恰、乌鲁木齐、沙湾、昭苏、库车有分布；甘肃、青海、新疆、西藏有分布。中亚与西伯利亚也有。

生境：生于山坡草甸、路旁，海拔 2000 ～ 3600 m。

（杨赵平　摄）

162 独行菜 *Lepidium apetalum* Willd.

十字花科 Brassicaceae　独行菜属 *Lepidium*

形态特征: 一年或二年生草本,高达 30 cm。茎直立,有分枝,无毛或具微小头状毛。基生叶窄匙形,一回羽状浅裂或深裂;茎上部叶线形,有疏齿或全缘。总状花序在果期可延长至 5 cm;萼片早落,卵形,外面有柔毛;花瓣不存在或退化成丝状,比萼片短;雄蕊 2 或 4。短角果近圆形,扁平,顶端微缺,上部有短翅,隔膜很窄;果梗弧形。种子椭圆形,平滑,棕红色。花果期 5—7 月。

分布: 我国新疆广布;西北、东北、华北、西南、江苏、浙江有分布。亚洲及欧洲也有。

生境: 低海拔至中海拔山区山坡、山沟、路旁及村庄附近。

利用价值: 全草及种子可供药用,具有利尿、止咳、化痰的功效;嫩叶作野菜食用,种子作葶苈子用,亦可榨油。

（杨赵平　摄）

163 全缘独行菜 *Lepidium ferganense* Korsh.（乌恰新记录）

十字花科 Brassicaceae 独行菜属 *Lepidium*

形态特征：多年生草本，高 30 ～ 100 cm。茎单一或数个，无毛，分枝。基生叶及茎下部叶披针形或线状长圆形，顶端渐尖，基部渐窄，具长叶柄，基部具白柔毛；茎上部叶形状相似，但较小，全缘。圆锥花序伞房状，多分枝；萼片卵形，长约 1 mm；花瓣宽倒卵形，基部具爪；雄蕊 6。短角果宽卵形或近圆形，顶端钝，无翅。种子三棱形，红棕色。花果期 5—7 月。

分布：我国新疆乌恰、富蕴、阿勒泰、乌鲁木齐、玛纳斯分布。中亚、阿富汗也有。

生境：生于中低海拔荒漠地带干旱山坡。

利用价值：保持水土。

（杨赵平 摄）

164 无苞芥 *Olimarabidopsis pumila* (Stephan) Al-Shehbaz, O'Kane et R. A. Price （乌恰新记录）

十字花科 Brassicaceae　无苞芥属 *Olimarabidopsis*

形态特征: 一年生小草木,高达 20 cm。茎常自基部分枝,全株被 2 叉、3 叉与 4 叉毛。基生叶莲座状,叶片长圆形,基部渐窄成柄;茎生叶无柄,叶片基部箭形,抱茎,边缘具波状齿、小齿或全缘,生于茎下部的叶长圆形,上部的为披针形。花序伞房状,花后伸长成总状;萼片卵圆形;花瓣黄色,倒卵形;柱头头状。长角果线形,果瓣中脉明显,被星状毛;果梗丝状;种子每室 1 行。种子卵状椭圆形。花果期 6—8 月。

分布: 我国新疆乌恰、塔什库尔干、阿克陶、石河子有分布;甘肃、云南也有。中亚、阿富汗、伊朗、地中海地区及欧洲东部也有。

生境: 草原带及森林带的下缘。

利用价值: 保持水土。

（杨赵平　摄）

165 羽裂条果芥 *Parrya pinnatifida* Kar. & Kir.

十字花科 Brassicaceae　条果芥属 *Parrya*

形态特征: 多年生草本、丛生，高达 15cm。根状茎木质化，外面密被银灰色膜质枯萎的叶柄残基，呈鳞片状。无茎。叶基生，叶片长圆形，羽裂，深浅不等；叶柄比叶片稍短。花葶单生或数个丛生，被短柱状毛，花序分枝成圆锥状；萼片直立，淡紫色，有白色膜质边缘；花瓣蓝紫色，干后黄白色，有深色脉纹，倒卵状长圆形，基部渐窄成爪，爪长等于瓣片。长角果条形，两端钝或急尖。花果期 5—7 月。

分布: 我国新疆乌恰、哈密分布。中亚也有。

生境: 中高海拔山地草甸草原、石缝中。

利用价值: 观赏；保持水土。

（杨赵平　摄）

166 甘新念珠芥 *Rudolf-kamelinia korolkowii* (Regel & Schmalh.) Al-Shehbaz & D. A. German

十字花科 Brassicaceae　甘新念珠芥属 *Rudolf-kamelinia*

形态特征: 一年或二年生草本，高达 30 cm，全株密被分枝毛。茎自基部多分枝。基生叶大，有长柄，叶长圆状披针形，基部渐窄成叶柄，边缘有不规则波状齿至长圆形裂片；茎生叶叶柄向上渐短或无，叶片长圆状卵形。花序伞房状；萼片长圆形；花瓣白色，干后土黄色，倒卵形。长角果圆柱形，略弧曲或于末端卷曲，成熟后在种子间略缢缩；种子每室 1 行。种子长圆形，黄褐色。

分布: 我国新疆乌恰、和静、拜城、策勒、塔城、伊宁分布；青海、甘肃也有分布。蒙古、中亚、土耳其也有。

生境: 生于海拔 500 ～ 1500 m 的荒漠带绿洲、草原带到森林带下缘的广大地区。

利用价值: 优良牧草；保持水土。

（杨赵平　摄）

167 无毛大蒜芥 *Sisymbrium brassiciforme* C. A. Mey.（乌恰新记录）

十字花科 Brassicaceae　大蒜芥属 *Sisymbrium*

形态特征： 一、二年生草本，高达 80 cm，全株无毛。茎常上部分枝，淡蓝色，基部常呈紫红色。茎生叶大头羽状裂，上、下部的叶大小悬殊；下部叶顶端裂片大，长圆形，基部常扩大成耳状，侧裂片 1～2 对，较小，披针状卵形；中部叶顶端裂片三角形，基部两侧常为戟形；上部的叶不裂，近无柄，叶片披针形。总状花序顶生；萼片条状长圆形，略成盔状；花瓣黄色，倒卵形，具爪。长角果线形，向外弓曲。种子小，淡褐色。花果期 6—8 月。

分布： 我国新疆乌恰、霍城、新源、乌鲁木齐、阜康有分布；西藏有分布。中亚、西伯利亚、阿富汗也有。

生境： 生于 800～2000 m 的荒漠带直至森林带、路边或砾石堆中。

利用价值： 观赏；保持水土。

（杨赵平　摄）

168 灰白芹叶荠 *Smelowskia alba* B. Fedtsch.

十字花科 Brassicaceae 芹叶荠属 *Smelowskia*

形态特征: 多年生草本,高达 18 cm,全株密被短分枝毛。根茎分枝极多,地面上能育枝与不育枝成丛状,基部包以残存叶柄。基生叶莲座状,具柄,密被细丛卷毛及睫毛;叶片羽状全裂,裂片卵状椭圆形,顶端裂片与其下的侧裂片相汇合;茎生叶越向上裂片数目越多,裂片条状披针形。花序伞房状,果期伸长;萼片卵圆形,背面有长单毛,近顶端处带淡紫红色;花瓣白色,爪细。长角果条形,两端急钝尖。种子黑色,长圆形。花期 6 月。

分布: 我国仅在新疆乌恰分布。蒙古、西伯利亚也有。

生境: 中高海拔山地草原。

利用价值: 食用;优良牧草。

（杨赵平　摄）

169 中亚羽裂叶荠 *Smelowskia annua* Rupr.（乌恰新记录种）

十字花科 Brassicaceae　芹叶荠属 *Smelowskia*

形态特征： 二年生草本，茎横卧，稀上升，全株具树枝状毛。基生叶 2，羽状全裂，叶柄长达 4 cm；上部茎生叶羽状全裂或羽状半裂，近无柄，小于基生叶。总状花序全部或基部具苞片；萼片疏生短柔毛；花瓣黄色或淡黄色，倒卵形，基部渐狭至爪状基部。果椭圆形至线状椭圆形，圆柱状，先端锐尖；果梗 3～7 mm，直立或上升，通常近贴伏于轴，密被短柔毛。花果期 7—9 月。《新疆植物志》在对同属的 *S. sisymbrioides* 的补充中指出"新疆存在 *S. annua*，但未见标本"。本次乌恰的调查很可能为国内首次采集到的标本。

分布： 我国新疆乌恰有分布。中亚也有。

生境： 亚高山和寒温带。

利用价值： 观赏；保持水土。

（杨赵平　摄）

170 羽裂叶荠 *Smelowskia sisymbrioides* (Regel & Herder) Lipsky ex Paulsen （乌恰新记录）

十字花科 Brassicaceae　芹叶荠属 *Smelowskia*

形态特征: 高达 50 cm，全株被短分枝毛与丛卷毛。茎直立或稍弯曲，基部分枝。基生叶三回羽状裂，叶柄长约 2 cm；中下部茎生叶具柄，二回羽状深裂或全裂；上部茎生叶一回羽状分裂。花序花时伞房状，果时极为伸长成总状；萼片淡黄色，背面基部偶有长单毛，内轮基部略囊状；花瓣黄色至淡黄色，瓣片圆形或稍长，具爪。短角果直立，几与果序轴平行，倒披针形或窄长圆形；果梗细，斜上升，被稀疏单毛。花果期 6—8 月。

分布: 我国新疆乌恰、阿克陶有分布。中亚也有。

生境: 亚高山草甸、草原。

利用价值: 观赏；保持水土。

（杨赵平　摄）

171 刚毛涩芥 *Strigosella hispida* (Litv.) Botsch.

十字花科 Brassicaceae　涩芥属 *Strigosella*

形态特征： 一年生草本，高达 30 cm，全体密生细长硬单毛及叉状毛。茎多数，较粗，从基部多分枝。叶长圆形，顶端急尖，基部楔形，边缘有几对疏波状齿或近全缘；叶柄长 5～10 mm。总状花序顶生；萼片窄长圆形，外面有细长分叉毛；花瓣紫红色，倒披针形，具不显明脉纹，基部具爪。长角果线形，坚硬劲直，近水平开展；花柱短；果梗粗。种子多数，长圆形，棕色。花果期 6—9 月。

分布： 我国新疆广布；甘肃、青海有分布。中亚也有。

生境： 山坡旱田、荒地、干旱草地等。

利用价值： 优良牧草，鲜食或干食。

（杨赵平　摄）

172 匍生百蕊草 *Thesium repens* Ledeb.（乌恰新记录）

檀香科 Santalaceae　百蕊草属 *Thesium*

形态特征： 多年生草本，高达 25 cm。根茎匍匐、细长，径约 1 mm，分叉，生出少数具叶的茎。茎单　，不分枝，具棱。叶线形，全缘，中脉不明显。花序总状，斜向上，长于花 3～4 倍；苞片 3，中间 1 片线形，有时长超过花梗，侧生小苞片长于花近 2 倍；花两性，花被钟状，外面绿色，内面淡黄白色；雄蕊短于花被片 1/3；花柱几不超过雄蕊。坚果宽椭圆形，果梗粗，肉质，有皱褶。花果期 6—8 月。

分布： 我国新疆乌恰、布尔津、哈巴河分布。西伯利亚、蒙古也有。

生境： 山地林中草地、林缘、沿河谷的亮叶林中，稀在草甸和高山草甸中。

利用价值： 保持水土。

（杨赵平　摄）

173 宽苞水柏枝 *Myricaria bracteata* Royle

柽柳科 Tamaricaceae　水柏枝属 *Myricaria*

形态特征: 灌木, 高达 3 m。茎多分枝, 老枝灰褐色或紫褐色, 当年生枝红棕色或黄绿色, 有光泽和条纹。叶密生于当年生小枝上, 近卵形, 常具狭膜质的边。总状花序顶生, 小花密集; 苞片宽卵形, 边缘膜质, 后脱落; 萼片披针形, 具宽膜质边; 花瓣倒卵形, 常内曲, 具脉纹, 粉红色或淡紫色, 果时宿存; 雄蕊略短于花瓣, 花丝 1/2 或 2/3 部分合生; 柱头头状。蒴果狭圆锥形。种子狭长圆形, 顶端芒柱一半以上被白色长柔毛。花果期 6—9 月。

分布: 我国新疆广布; 西北、华北部分地区和山西有分布。俄罗斯、中亚、蒙古、印度、巴基斯坦、阿富汗也有。

生境: 中低海拔河谷砂砾质河滩, 湖边砂地以及山前冲积扇砂砾质戈壁上。

利用价值: 可供药用, 具有升阳发散、解毒透疹、祛风止痒的功效。

（杨赵平　摄）

174 五柱红砂 *Reaumuria kaschgarica* Rupr.

柽柳科 Tamaricaceae　红砂属 *Reaumuria*

形态特征： 矮小半灌木，高达 30 cm。老枝灰棕色，当年生枝淡红色至淡红棕色。叶由基部的鳞片状向上渐变长，略近圆柱形，常略弯，肉质。花单生小枝顶端，几无梗；苞片与叶片同形；萼片 5，基部略连合，卵状披针形；花瓣 5，粉红色，椭圆形；雄蕊略短于花瓣或与之等长，花丝中下部变宽，基部合生；子房卵圆形，花柱 5，柱头狭尖。蒴果长圆状卵形，5 瓣裂。种子细小，被褐色长毛。花果期 5—8 月。

分布： 我国新疆乌恰、阿合奇、若羌有分布；西藏、青海、甘肃有分布。中亚也有。

生境： 山前砾质洪积扇、低山的盐土荒漠和多石荒漠草原。

利用价值： 自治区 2 级保护植物。优良牧草；观赏；保持水土。

（杨赵平　摄）

175 红砂 *Reaumuria soongarica* (Pall.) Maxim.

柽柳科 Tamaricaceae　红砂属 *Reaumuria*

形态特征：小灌木，高常 30 cm 以下。茎多分枝，老枝灰褐色，树皮为不规则的波状剥裂，小枝多拐曲，皮灰白色。叶肉质，短圆柱形，鳞片状，浅灰蓝绿色，具点状的泌盐腺体，常 4 ～ 6 枚簇生在叶腋缩短的枝上。花单生叶腋，或在幼枝上端集为少花的总状花序；花无梗；苞片 3，披针形；花萼钟形，下部合生；花瓣 5，白色略带淡红，上部向外反折；雄蕊分离，花丝几与花瓣等长；子房椭圆形，花柱 3。蒴果长椭圆形，高出花萼 2 ～ 3 倍。花果期 7—9 月。

分布：我国新疆广布；西北和内蒙古有分布。蒙古、中亚、伊朗也有。

生境：山地丘陵、剥蚀残丘、山麓淤积平原、山前沙砾和砾质洪积扇。

利用价值：荒漠区域的优良牧草，供放牧羊群和骆驼之用；荒漠和草原区域的重要建群种。

（杨赵平　摄）

乌恰野生植物

176 长穗柽柳 *Tamarix elongata* Ledeb.（乌恰新记录）

柽柳科 Tamaricaceae　柽柳属 *Tamarix*

形态特征: 大灌木，高达 5 m。枝短而粗壮，老枝灰色，去年生枝淡灰黄色或淡灰棕色；营养小枝淡黄绿色至灰蓝色。生长枝叶披针形或线形，半抱茎，具耳；营养小枝叶心状披针形，半抱茎。总状花序侧生枝上，基部有具苞片的总花梗；苞片线状披针形，花末向外反折；花梗与花萼近等长；花萼深钟形，萼齿卵形；花瓣 4，盛花时向外折，粉红色，花后即落；雄蕊 4，较花瓣略长；柱头 3。蒴果淡红色或橙黄色。花果期 4—5 月。

分布: 我国新疆广布；西北和内蒙古有分布。中亚、蒙古也有。

生境: 荒漠地区河谷阶地、干河床和沙丘上、冲积平原，具不同程度盐渍化的土壤上。

利用价值: 枝叶可入药，能解热透疹，祛风湿利尿；早春优良饲用植物；荒漠地区盐碱、沙地的优良固沙造林绿化树种。

（杨赵平 摄）

177 多花柽柳 *Tamarix hohenackeri* Bunge

柽柳科 Tamaricaceae　　柽柳属 *Tamarix*

形态特征: 灌木,高达 6 m。老枝灰褐色,二年生枝条暗红紫色。绿色营养枝上的叶小,线状披针形,半抱茎。春夏季均开花;春季开花,总状花序侧生枝上,多个簇生;夏季开花,总状花序顶生,集生成短圆锥花序;苞片条状长圆形,常呈干薄膜质,比花梗略长;花5数,萼片卵圆形,齿牙状;花瓣卵形至卵状椭圆形,玫瑰色或粉红色,常互相靠合致花冠呈鼓形或球形,果时宿存;花盘肥厚,暗紫红色;雄蕊5,与花瓣等长或略长。花果期5—9月。

分布: 我国新疆广布;宁夏、甘肃、青海和内蒙古有分布。伊朗、俄罗斯、中亚、欧洲南部也有。

生境: 荒漠河、湖沿岸沙地广阔的冲积淤积平原上的轻度盐渍化土壤。

利用价值: 能耐严寒,而且开花期又长,适用于荒漠地区绿化固沙造林。

（杨赵平　摄）

178 短穗柽柳 *Tamarix laxa* Willd.（乌恰新记录）

柽柳科 Tamaricaceae　柽柳属 *Tamarix*

形态特征： 灌木，高达 3 m。树皮灰色，幼枝灰色、棕褐色。叶黄绿色，卵状长圆形，边缘狭膜质。总状花序侧生老枝上，短而粗；早春开花；苞片卵形，边缘膜质，上半部软骨质，淡棕色或淡绿色；花 4 数，萼片卵形，果时外弯，边缘宽膜质；花瓣 4，粉红色，稀淡白粉红色，略呈长圆状椭圆形；花盘 4 裂，肉质，暗红色；雄蕊 4，与花瓣等长或略长；花柱 3，柱头头状。蒴果圆锥形。花果期 3—4 月。资料记录偶见秋季二次在当年枝开少量的花，但在乌恰未见二次开花。

分布： 我国新疆广布；西北和内蒙古有分布。俄罗斯、蒙古、中亚、伊朗、阿富汗也有。

生境： 荒漠河流阶地、湖盆和沙丘边缘、土壤强盐渍化或盐土的荒漠。

利用价值： 早春优良饲用植物；为荒漠地区盐碱、沙地的优良固沙造林绿化树种。

（杨赵平　摄）

179 细穗柽柳 *Tamarix leptostachya* Bunge

柽柳科 Tamaricaceae　柽柳属 *Tamarix*

形态特征: 灌木，高达 6 m。老枝淡棕或灰紫色，木质化枝灰红色。生长枝叶狭卵形，急尖、下延。总状花序细长，生于当年生枝顶端，集成紧密圆锥花序；苞片钻形；花 5 数；花梗与花萼等长或略长；萼片卵形；花瓣倒卵形，上部外弯，淡紫红或粉红色，长于花萼约 1 倍，早落；花盘 5 裂，有时 10 裂；雄蕊 5，花丝细长，伸出花冠之外。蒴果窄圆锥形。花果期 6—8 月。

分布: 我国新疆广布；青海、甘肃、宁夏和内蒙古有分布。中亚、蒙古也有。

生境: 荒漠地区盆地下游的潮湿和松陷盐土上，丘间低地，河湖沿岸，河漫滩和灌溉绿洲的盐土。

利用价值: 荒漠盐土绿化造林的良好树种；可作饲料、薪炭材。

（杨赵平　摄）

180 多枝柽柳 *Tamarix ramosissima* Ledeb.

柽柳科 Tamaricaceae 柽柳属 *Tamarix*

形态特征: 灌木或小乔木状,高 1 ～ 3 m,老杆和老枝的树皮暗灰色,当年生木质化的生长枝淡红或橙黄色。木质化生长枝上的叶披针形,半抱茎;绿色营养枝上的叶短卵圆形,几抱茎,下延。总状花序生在当年生枝顶,集成圆锥花序;苞片披针形,卵状长圆形,与花萼等长或稍长于花萼;花 5 数;萼片广椭圆状卵形,边缘窄膜质,有齿牙;花瓣粉红色或紫色,倒卵形,靠合,形成闭合的酒杯状花冠,果时宿存;雄蕊 5;花柱 3,为子房长的 1/3 ～ 1/4。蒴果三棱圆锥形瓶状,比花萼长 3 ～ 4 倍。花期 5—9 月。

分布: 我国新疆广布;西北和华北有分布。俄罗斯、蒙古、中亚、伊朗、阿富汗也有。

生境: 河漫滩、河谷阶地上,沙质和黏土质盐碱化的平原上,沙丘上。

利用价值: 为荒漠地区绿化和固沙造林树种;作薪柴。

（杨赵平　摄）

181 刺叶彩花 *Acantholimon alatavicum* Bunge

白花丹科 Plumbaginaceae 彩花属 *Acantholimon*

形态特征： 垫状小灌木，高常在 15 cm 以内。新枝可见。叶常为灰绿色，针状，刚硬，两面常有钙质颗粒；春叶常较夏叶略短。花序有明显花序轴，高 3～9 cm，不分枝，上部常由 5～8 个小穗排成二列，组成穗状花序；小穗含 1 花；外苞和第一内苞无毛，外苞长圆状卵形，第一内苞长 7～8 mm；萼长漏斗状，脉间被稀疏短茸毛，萼檐白色，无毛或下部沿脉有毛，脉紫褐色，伸达萼檐顶缘；花冠淡紫红色。花果期 7—10 月。

分布： 我国新疆天山、昆仑山和帕米尔高原分布。中亚也有。

生境： 山前洪积扇、砾石荒漠、高山草原、荒漠草原地带等多石山坡。

利用价值： 叶可作为饲料；观赏地被植物；保持水土。

（杨赵平 摄）

182 小叶彩花 *Acantholimon diapensioides* Boiss.

白花丹科 Plumbaginaceae   彩花属 *Acantholimon*

形态特征： 紧密垫状小灌木。小枝上端每年增长极短，只具几层紧密贴伏的新叶。叶淡灰绿色，披针形至线形，横切面近扁平，无锐尖，两面无毛。花序无花序轴，仅为 1~3 个小穗直接簇生于新枝基部的叶腋，全部露于枝端叶外；小穗含 1~2 花，外苞和第一内苞无毛，外苞宽卵形，第一内苞长 4.5~5 mm，先端急尖；萼长漏斗状，萼筒脉棱间有稀少的毛或几无毛，萼檐白色，无毛，先端有 10 个不明显的浅圆裂片，脉紫褐色；花冠淡红色。花果期 6—9 月。

分布： 我国新疆乌恰、喀什、阿合奇、塔什库尔干分布。西帕米尔高原至阿富汗也有。

生境： 天山南坡、帕米尔高原的中、高山石质荒漠。

利用价值： 叶可作为饲料；观赏地被植物；保持水土。

（杨赵平　摄）

183 彩花 *Acantholimon hedinii* Ostenf.

白花丹科 Plumbaginaceae　彩花属 *Acantholimon*

形态特征： 紧密垫状小灌木，小枝上端每年增长极短。叶淡灰绿色，披针形，先端有短锐尖，两面无毛。花序无花序轴，常为 2 ～ 3 个小穗直接簇生在新枝基部的叶腋，露于枝端叶外；小穗含 1 ～ 2 花，外苞和第一内苞被密毛或近无毛；外苞宽卵形，先端渐尖；第一内苞先端渐尖；萼漏斗状，萼筒脉上和脉棱间常被密短毛，萼檐白色而脉呈紫褐色，先端有 10 个不明显的浅圆裂片或近截形；花冠粉红色。花果期 6—9 月。

分布： 我国新疆乌恰、和静、乌什、阿合奇、叶城分布。

生境： 天山南坡，帕米尔中、高山草原带。

利用价值： 叶可作为饲料；观赏地被植物；保持水土。

（杨赵平　摄）

184 浩罕彩花 *Acantholimon kokandense* Bunge

白花丹科 Plumbaginaceae 彩花属 *Acantholimon*

形态特征: 垫状小灌木。新枝可见，长 3 ～ 7 mm。叶带灰绿色，线状针形，横切面扁三棱形，被微柔毛或几无毛，先端有短锐尖。花序有明显花序轴，伸出叶外，不分枝，被毛，上部由 4 ～ 7 个小穗排成二列组成穗状花序；小穗含单花，外苞和第一内苞无毛或被稀疏微柔毛；外苞长圆状卵形；第一内苞有时浅 2 裂；花漏斗状；萼筒上部脉间被疏毛，萼檐白色，有伸达萼檐顶缘的紫褐色脉纹，无毛；花冠粉红色。花果期 6—9 月。

分布: 我国仅新疆乌恰分布。中亚也有。

生境: 中高山山地砾石荒漠。

利用价值: 叶可作为饲料；观赏地被植物；保持水土。

（杨赵平 摄）

185 乌恰彩花 *Acantholimon popovii* Czerniak.

白花丹科 Plumbaginaceae　彩花属 *Acantholimon*

形态特征： 疏松垫状小灌木。叶线形，横切面近扁平，两面无毛，先端有短锐尖。花序有明显花序轴伸出叶外，不分枝，被密毛，上部由 2～4 个小穗通常偏于一侧排列成常近头状的穗状花序；小穗含 2～3 花；外苞宽倒卵形，先端急尖，背面草质部被密毛，第一内苞先端钝，沿脉被密毛；萼漏斗状，萼筒沿脉被密毛，萼檐白色，沿脉多少被毛，先端有 10 个大小相间的浅裂片，脉暗紫红色，常略伸出萼檐顶缘；花冠粉红色。花果期 6—9 月。

分布： 我国新疆乌恰和喀什分布。

生境： 石质荒漠草原。

利用价值： 叶可作为饲料；观赏地被植物；保持水土。

（杨赵平　摄）

186 天山彩花 *Acantholimon tianschanicum* Czerniak.

白花丹科 Plumbaginaceae　彩花属 *Acantholimon*

形态特征： 紧密垫状小灌木。小枝上端每年增长极短。叶淡灰绿色，披针形至线状披针形，横切面扁二棱形或近扁平，先端有明显的短锐尖，两面无毛。花序无花序轴，通常单个小穗直接着生新枝基部的叶腋，全部露于枝端叶外；小穗含 1～3 花；外苞和第一内苞无毛，外苞宽卵形，第一内苞先端急尖；花萼漏斗状，萼筒脉上被疏短毛或几无毛，萼檐暗紫红色，无毛；花冠淡紫红色或淡红色。花果期 6—10 月。

分布： 我国新疆乌恰、塔什库尔干、阿合奇、乌什、拜城有分布。中亚也有。

生境： 天山南坡、帕米尔高原的石质荒漠、旱砾石山坡。

利用价值： 叶可作为饲料；观赏地被植物；保持水土。

（杨赵平　摄）

187　喀什补血草　*Limonium kaschgaricum* (Rupr.) Ikonn.- Gal.

白花丹科 Plumbaginaceae　补血草属 *Limonium*

形态特征： 多年生草本，高达 25 cm，全株几乎无毛。根皮黑褐色。茎基木质，肥大而具多头，被有多数白色膜质芽鳞和残存的叶柄基部。叶基生，长圆状匙形，小。花序伞房状，花序轴常多数，由下部或中下部作数回叉状分枝，常成之字形；穗状花序位于部分小枝顶端，由 3 ～ 7 个小穗组成，小穗含 2 ～ 3 花；外苞长宽卵形；花萼漏斗状，萼筒全部沿脉密被长毛，萼檐淡紫红色，干后逐渐变白；花冠淡紫红色。花果期 6—8 月。

分布： 我国新疆乌恰、塔什库尔干、阿合奇、乌什、拜城、库车及和静有分布。中亚也有。

生境： 中低山荒漠地区石质山坡、山地草原至高山草原、碎石山坡。

利用价值： 观赏；保持水土。

（杨赵平　摄）

188 拳木蓼 *Atraphaxis compacta* Ledeb.（乌恰新记录）

蓼科 Polygonaceae　木蓼属 *Atraphaxis*

形态特征：小灌木，高达 30 cm。茎自基部分枝，常弯折，树皮纵裂；老枝顶端无叶，成棘刺，淡黄灰色，无毛，一年生枝短缩，顶端有叶。叶近簇生，叶片圆形，先端钝圆，全缘或具齿，两面无毛，淡蓝灰色，具短柄；托叶鞘膜质，下部褐色，上部白色，具 2 锐齿。总状花序，2～6 花簇生于叶腋；花淡红色具白色边缘或白色，花被片 4，排成两轮，外轮 2 片小，反折，内轮 2 片果增大，圆状肾形；花梗上部具关节。瘦果平扁，宽卵形，有光泽。花果期 6—8 月。

分布：我国新疆乌恰、若羌、富蕴、布尔津、乌鲁木齐、沙湾分布。西西伯利亚、中亚、蒙古也有。

生境：中低海拔山区石质山坡、荒漠戈壁、冲沟边地、前山干山坡。

利用价值：保持水土。

（杨赵平　摄）

189 帚枝木蓼 *Atraphaxis virgata* (Regel) Krasn.（乌恰新记录）

蓼科 Polygonaceae　木蓼属 *Atraphaxis*

形态特征: 灌木，高达 2 m。分枝开展，皮灰褐色。当年枝明显伸出株丛外，顶端具叶或花，无刺。叶具短柄，叶片灰绿色，长圆状椭圆形；托叶鞘白色，圆筒状。顶生总状花序，花稀疏，每 1 片内只有 2 花；花被片 5，粉红色，排成两轮，外轮 2 片比较小，花瓣具白色边缘，内轮 3 片果期增大；花梗中部以下具关节。瘦果暗褐色，有光泽，狭卵形。花果期 5—7 月。

分布: 我国新疆乌恰、富蕴、阿勒泰、布尔津、哈巴河及东部奇台分布。中亚、蒙古也有。

生境: 荒漠中砾石戈壁、沙地、流水干沟和山地的石质山坡或砾石山坡。

利用价值: 保持水土。

（杨赵平　摄）

190 拳参 *Bistorta officinalis* Raf.（乌恰新记录）

蓼科 Polygonaceae　拳参属 *Bistorta*

形态特征： 多年生草本。根状茎肥厚，黑褐色。茎直立，高 50～90 cm，不分枝，无毛，通常 2～3 条自根状茎发出。基生叶窄披针形，纸质；基部沿叶柄下延成翅，边缘外卷；茎生叶披针形或线形，无柄；托叶筒状，膜质，上部褐色，无缘毛。总状花序呈穗状，顶生；苞片卵形，膜质，淡褐色，中脉明显，每苞片内含 3～4 花；花梗比苞片长；花被 5 深裂，白色或淡红色，花被片椭圆形；雄蕊 8；花柱 3，柱头头状。瘦果椭圆形，褐色，有光泽，稍长于宿存的花被。花果期 6—9 月。

分布： 我国新疆南部乌恰、北部广布；西北、东北、华北、华中至华东有分布。日本、蒙古、哈萨克斯坦、西伯利亚、中欧也有。

生境： 亚高山和高山林间草甸、林下和林缘。

利用价值： 干燥根茎可入药，能清热解毒、消肿、止血，用于治疗赤痢、热泻、肺热咳嗽、痈肿等；根茎含鞣质，可提制栲胶；根茎含淀粉，可供酿酒；可作观赏植物。

（杨赵平　摄）

191 珠芽蓼 *Bistorta vivipara* (L.) Gray（乌恰新记录）

蓼科 Polygonaceae　拳参属 *Bistorta*

形态特征： 多年生草本，高达 40 cm。根状茎短而粗糙，多须根，近地面处具残存的叶柄和枯叶鞘。茎常 2～3，具棱槽，不分枝，叶片常为长椭圆形或卵状披针形，先端渐尖或锐尖，全缘，外卷；基生叶和茎下部叶具长柄，上部叶有或无柄；托叶鞘筒状，棕色，膜质，无毛。总状花序呈穗状，顶生，狭圆柱形，花在上部密集，中下部较稀疏；苞片卵形，内含 1 个珠芽或 1～2 花；花淡红色或白色，花被 5 深裂。瘦果卵形，有光泽。花果期 6—9 月。

分布： 我国新疆天山、帕米尔高原、阿尔泰山山区广布；东北、华北、西南及西北其他地区有分布。欧洲、北美、亚洲其他地区也有。

生境： 高山、亚高山云杉林、森林草甸、苔藓和岩石的冻土带。

利用价值： 干燥根茎可入药，能止血、活血、止泻，用于治疗吐血、血崩、痢疾、腹泻等；瘦果富含淀粉，可直接磨粉作粮食代用品，也可作酿酒的原料。

（杨赵平　摄）

192 准噶尔蓼 *Koenigia songarica* (Schrenk) T. M. Schust. & Reveal

蓼科 Polygonaceae　冰岛蓼属 *Koenigia*

形态特征：多年生草本，高达 60 cm。茎具纵棱，被柔毛。叶卵形或宽卵形；托叶鞘膜质，褐色，具数条脉，沿脉疏生长柔毛，开裂。圆锥花序顶生和腋生，窄，不密集；花梗细，在中部稍上具关节；苞片卵形，膜质，每苞内具 1～2 花，花梗细，中部具关节；花被 5 深裂，椭圆形，红色，近缘部白色或淡绿色；雄蕊 7～8；花柱 3，头状。瘦果卵形，具 3 锐棱，褐色，有光泽。花果期 6—9 月。

分布：我国新疆天山山脉有分布。中亚也有。

生境：中高山山谷水边、山坡、林间空地和林下。

利用价值：优良饲草；根茎含鞣质，可提制栲胶；嫩枝叶可作蔬菜食用。

（杨赵平、李攀　摄）

193 山蓼 *Oxyria digyna* (L.) Hill

蓼科 Polygonaceae 山蓼属 *Oxyria*

形态特征: 多年生草本,高达 20 cm。茎单生或数个自根茎生出。基生叶肾形或圆肾形,托叶鞘短筒状,膜质。花序圆锥状,无毛,花两性,苞片膜质,每苞内具 2～5 花;花梗中下部具关节;花被片 4,成 2 轮,果时内轮 2 片增大,倒卵形,紧贴果实,外轮 2 个,反折;雄蕊 6,花丝钻状;子房扁平,花柱 2,柱头画笔状。瘦果卵形,双凸镜状,两侧边缘具膜质翅,翅较宽,淡红色,边缘具小齿。花果期 6—9 月。

分布: 我国新疆天山、帕米尔高原及北部各山区有分布;吉林、陕西、四川、云南及西藏也有分布。欧洲、北美、亚洲等其他具有高山和极地的国家也有。

生境: 高山和亚高山的河滩、水边、石质坡地和石缝。

利用价值: 全草入药,能清热利湿,治肝气不舒、肝炎、坏血病;叶可食用;叶的提取液可用作黄色和绿色的染料。

(杨赵平 摄)

194 岩萹蓄 *Polygonum cognatum* Meisn.

蓼科 Polygonaceae　萹蓄属 *Polygonum*

形态特征： 多年生草本，高达 30 cm。根粗壮，木质化，根颈分叉，多头。茎常平卧，基部多分枝。叶椭圆形，全缘，两面无毛；叶柄有关节；托叶鞘薄膜质，白色，透明，基部抱茎，先端深 2 裂。花 3～7 簇生叶腋，几遍布于全植株；花梗不等长，长 1～3 mm；花被 5 裂至中部，花被片卵形，绿色，边缘粉色。瘦果卵形，具 3 棱，黑色，有光泽。花果期 6—9 月。

分布： 我国新疆奇台、乌鲁木齐、塔城、托里分布；内蒙古、西藏有分布。中亚、蒙古也有。

生境： 生于中、高山山地的河谷草坡、河漫滩砂砾地、草原和高山草甸次生裸露地、林下。

利用价值： 保持水土。

（杨赵平　摄）

195 丝茎萹蓄 *Polygonum molliiforme* Boiss.

蓼科 Polygonaceae　萹蓄属 *Polygonum*

形态特征: 一年生矮小草本,高 5～10 cm。茎直立,通常紫红色,纤细,光滑,易自节部折断。叶线形或钻形,长 7～15 mm,顶端具小短尖;托叶鞘薄膜质,银白色,透明,无脉,顶端急尖,基部稍膨大。花单生于茎、枝上部的叶腋,近无柄;花被 5 深裂,膜质,白色;花被片椭圆形,顶端急尖;花柱 2,极短,柱头头状。瘦果卵形,双凸镜状,与宿存花被等长或稍超过。果期 6—8 月。

分布: 我国仅在新疆乌恰分布。伊朗、哈萨克斯坦也有。

生境: 河滩砂地、干旱山坡。

利用价值: 保持水土。

(杨赵平　摄)

196 网脉大黄 *Rheum reticulatum* A. Losinsk.

蓼科 Polygonaceae　大黄属 *Rheum*

形态特征: 多年生草本，高达 20 cm。根粗，根状茎密被褐色、残存的托叶鞘。无茎。叶基生，幼叶极皱缩，叶片革质，卵形到三角状卵形，脉网极显著，红紫色；叶柄紫色或红色，明显短于叶片。花葶多条，自根状茎顶端抽出。总状花序，花密集；花黄白色，花被片椭圆形；雄蕊 7～9；子房倒卵状椭圆形，花柱短，柱头近头状。瘦果宽卵形，顶端钝或微凹，基部近心形。种子卵形。花果期 6—8 月。

分布: 我国新疆乌恰、若羌、且末、拜城、叶城、塔什库尔干有分布；青海也有。中亚也有。

生境: 高山岩缝、砾石质山坡、洪积扇碎石间、河滩。

利用价值: 保持水土。

（杨赵平　摄）

197 天山大黄 *Rheum wittrockii* Lundstr.

蓼科 Polygonaceae　大黄属 *Rheum*

形态特征： 多年生草本，高达 100 cm。具黑棕色细长根状茎。茎中空，具细棱线。基生叶 2～4 枚，叶片卵形到三角状卵形或卵心形，边缘具弱皱波，表面光滑无毛，背面和沿缘被白色短粗毛；叶柄短于叶片或与其等长；茎生叶 2～4 枚，上部的 1～2 枚叶腋具花序分枝；托叶鞘抱茎。大型圆锥花序分枝较疏，花小，花梗中部以下具关节；花被白绿色。瘦果宽卵形，果实宽大于长，圆形，翅宽，幼时红色。种子卵形。花果期 6—9 月。

分布： 我国新疆天山及新疆北部山区广布。中亚也有。

生境： 中高山草原、森林、山地草甸中的山坡、悬崖石缝。

利用价值： 叶柄和嫩茎可食用。

（杨赵平　摄）

198 巴天酸模 *Rumex patientia* L.

蓼科 Polygonaceae　酸模属 *Rumex*

形态特征: 多年生草本,高达 150 cm。茎上部分枝,具深沟槽,无毛。基生叶长圆形,顶端急尖,基部圆形或近心形,边缘波状;叶柄粗壮;茎上部叶披针形,具短叶柄或近无柄;托叶鞘筒状,膜质,易破裂。圆锥状花序顶生;花梗细,中下部具关节;外花被片长圆形,内花被片果时增大,全部或部分具小瘤,小瘤长卵形。瘦果卵形,具 3 锐棱,褐色,有光泽。花果期 5—8 月。

分布: 我国新疆乌恰、温宿、阿勒泰、哈巴河有分布;西北、东北、华北、山东、河南、湖南、湖北、四川及西藏有分布。高加索、哈萨克斯坦、俄罗斯、蒙古及欧洲也有。

生境: 干草甸灌木丛林、山地河岸边、潮湿地。

利用价值: 可供药用,具有清热解毒、活血止血,润肠通便之功效,用于治疗痢疾、慢性肠炎、肝炎、大便秘结、内出血、跌打损伤、痈肿疮疖;含鞣质,可提制栲胶。

(杨赵平　摄)

199 镰刀叶卷耳 *Cerastium falcatum* Bunge

石竹科 Caryophyllaceae　卷耳属 *Cerastium*

形态特征： 多年生草本，高达 40 cm。茎单生或数个丛生，茎上部密被短柔毛，下部毛较稀。叶腋有时抽出短小不育枝，叶片条状披针形或披针形，长 2～6 cm，边缘有粗糙的短毛。聚伞花序常生 3～7 花；花梗细，被腺柔毛，果期常下垂；苞片草质，卵状披针形；萼片披针形，边缘膜质，被腺毛；花瓣倒卵状长圆形，长为花萼的 1.5～2 倍，顶端 2 浅裂或近全缘；雄蕊稍短于花萼；花柱 5。蒴果矩圆状卵形，先端 10 齿裂，裂齿稍向外卷。花果期 5—7 月。

分布： 我国新疆广布；甘肃、山西、河北有分布。中亚也有。

生境： 林下、山坡、草甸或盐渍草甸。

利用价值： 保持水土。

（杨赵平　摄）

200 山卷耳 *Cerastium pusillum* Ser. (乌恰新记录)

石竹科 Caryophyllaceae　卷耳属 *Cerastium*

形态特征: 多年生草本,高达 20 cm。全株被短柔毛,上部混杂腺毛。叶披针形或长圆状披针形,长达 1.5 cm,宽 2~7 mm,先端钝,基部楔形,两面被白色柔毛,具缘毛。花顶生,聚伞花序疏松;花梗密被短柔毛,并杂有腺毛。苞片披针形,叶质;萼片宽披针形,渐尖,常具紫色霜斑,被短柔毛,并杂有较密的腺毛;花瓣长为萼的 1.5~2 倍,先端微缺或裂至 1/4;雄蕊 10,短于花瓣;子房卵圆形,花柱 5。蒴果长 12 mm,10 齿裂,裂齿边缘向外卷。花果期 5—7 月。

分布: 我国新疆乌恰、布尔津、奇台、乌鲁木齐分布;宁夏、甘肃、青海、新疆、云南也有。中亚、西伯利亚、蒙古也有。

利用价值: 保持水土。

(杨赵平　摄)

201 二花丽漆姑 *Cherleria biflora* (L.) A. J. Moore & Dillenb.

石竹科 Caryophyllaceae　丽漆姑属 *Cherleria*

形态特征: 多年生草本，高达 7 cm。叶片线形，叶脉无毛。花 1～3，顶生；萼片卵状长圆形，花瓣与萼片近等长，白色；雄蕊 10，花药黄色。蒴果卵圆形。种子肾形，平滑或有皱纹。花果期 6—9 月。

分布: 我国新疆南部乌恰、北部和东部广布。欧洲、西伯利亚、远东、中亚、北美及蒙古北部也有。

生境: 高山草甸。

利用价值: 保持水土。

（杨赵平　摄）

202 瞿麦 *Dianthus superbus* L.（乌恰新记录）

石竹科 Caryophyllaceae　石竹属 *Dianthus*

形态特征： 多年生草本，高 60 cm。茎丛生，绿色。叶线状披针形，基部鞘状。花 1～2 顶生，偶在顶下腋生；苞片 2～3 对，倒卵形；花萼筒形，常带红紫色；花瓣淡红或带紫色，稀白色；瓣片宽倒卵形，喉部具髯毛。蒴果筒形，与宿萼等长或稍长，顶端 4 裂。种子扁卵圆形。花果期 6—10 月。

分布： 我国新疆乌恰、阿勒泰、哈巴河、额敏、托里、特克斯有分布；东北、华北、西北、华东及河南、湖北、四川、贵州也有。蒙古、俄罗斯也有。

生境： 高山草甸。

利用价值： 全草可入药，具有清热、利尿、破血通经的功效；观赏；保持水土。

（杨赵平　摄）

203 裸果木 *Gymnocarpos przewalskii* Maxim.

石竹科 Caryophyllaceae　裸果木属 *Gymnocarpos*

形态特征: 灌木, 高达 2 m。灌丛直径达 4 m, 茎皮暗灰色, 幼枝褐红色, 节肿大。叶钻状线形, 近无柄。聚伞花序腋生, 苞片宽椭圆形; 萼片淡红色倒披针形; 无花瓣; 雄蕊 10, 2 轮, 外轮雄蕊无花药。胞果果时萼内宿存。种子褐色, 长圆形。花果期 5—8 月。

分布: 我国新疆塔里木盆地和哈密盆地有分布; 内蒙古、宁夏、甘肃、青海也有分布。蒙古南部也有。

生境: 荒漠区的干河床、戈壁滩、砾石山坡等。

利用价值: 自治区 2 级保护植物。饲用; 保持水土。

（杨赵平　摄）

204 头状石头花 *Gypsophila capituliflora* Rupr.（乌恰新记录）

石竹科 Caryophyllaceae 石头花属 *Gypsophila*

形态特征： 多年生草本，高达 25 cm。茎丛生，无毛，常不分枝。叶线形，近三棱，基部叶丛生。聚伞花序顶生；苞片披针形；花萼钟形，具 5 条紫色脉；花瓣淡紫红或白色，长倒卵形；雄蕊与花瓣近等长；花柱短。蒴果长圆形，与宿萼近等长。种子球形，具扁平小瘤。花果期 7—9 月。

分布： 我国新疆南部乌恰、北部和东部广布；内蒙古、宁夏、甘肃有分布。哈萨克斯坦也有。

生境： 高山草甸。

利用价值： 保持水土。

（杨赵平 摄）

205 腺毛山漆姑 *Sabulina helmii* (Fisch. ex Ser.) Dillenb. & Kadereit

石竹科 Caryophyllaceae　山漆姑属 *Sabulina*

形态特征：多年生草本，高 5 ～ 15 cm，植株密被腺毛。叶线状披针形，先端急尖，边缘有缘毛。少数花组成二歧聚伞花序，顶生；苞片卵状披针形，叶质；萼片 5，卵形，先端急尖，背面被腺毛或短柔毛，具 3 脉；花瓣 5，白色，倒卵状披针形，全缘；子房卵圆形，花柱 3。蒴果长圆形，先端 3 瓣裂。种子小，表面有瘤状突起。花果期 6—8 月。

分布：我国新疆乌恰、伊宁、哈密有分布。俄罗斯及欧洲也有。

生境：水边及潮湿地。

利用价值：保持水土。

（杨赵平、李攀　摄）

206 无毛漆姑草 *Sagina saginoides* (L.) H. Karst.（乌恰新记录）

石竹科 Caryophyllaceae　漆姑草属 *Sagina*

形态特征： 一年生或多年生小草本，高达 6 cm，全株无毛。茎秆细簇生，平铺或直立。叶条形，长达 15 mm，基部抱茎，合生成短鞘状。花单生茎顶，花梗细而硬，长 15～25 mm；苞片与叶同形；萼片 5，椭圆形或卵状椭圆形，边缘膜质，顶端钝；花瓣常 5，白色，椭圆形或倒卵状椭圆形，短于萼片，果期宿存；雄蕊 5～10；花柱 5，子房短于花萼。蒴果卵形。花果期 5—8 月。

分布： 我国新疆乌恰、阿勒泰、哈巴河、伊宁有分布；东北、西南、西北各地有分布。欧洲、亚洲、中亚、西伯利亚、印度、土耳其、日本、北美、格陵兰也有。

生境： 沼泽草甸、水边湿地或针叶林下。

利用价值： 不详。

（杨赵平　摄）

207 隐瓣蝇子草 *Silene gonosperma* (Rupr.) Bocquet

石竹科 Caryophyllaceae　蝇子草属 *Silene*

形态特征: 多年生草本，高达 40 cm。茎疏生或单生，不分枝，密被柔毛，上部被腺毛及黏液。基生叶莲座状，线状倒披针形；茎生叶 1～3 对，披针形，基部连合。花单生，稀 2～3 花；苞片线状披针形；花萼囊状，被柔毛及腺毛，纵脉暗紫色；花瓣紫色，内藏，稍微伸出花萼，爪楔形，具耳；雄蕊及花柱内藏。蒴果椭圆状卵圆形，10 齿裂。种子扁圆形，褐色，种脊具翅。花果期 6—8 月。

分布: 我国新疆南部和北部广布；甘肃、青海、西藏、山西和河北有分布。中亚地区也有。

生境: 高山草甸。

利用价值: 观赏；保持水土。

（杨赵平　摄）

208 禾叶蝇子草 *Silene graminifolia* Otth

石竹科 Caryophyllaceae　蝇子草属 *Silene*

形态特征: 多年生草本，高达 50 cm。茎丛生，不分枝，上部有黏液。基生叶线状倒披针形；茎生叶 2～3 对。总状花序具 5～11 花；苞片卵状披针形；花萼窄钟形；花瓣白色，爪倒披针形，瓣片伸出花萼，2 深裂达中部，裂片长圆形。蒴果卵圆形，与宿存萼近等长。种子肾形，暗褐色。花果期 6—8 月。

分布: 我国新疆广布；西藏（西部）和内蒙古有分布。吉尔吉斯斯坦、哈萨克斯坦也有。

生境: 高山草甸。

利用价值: 观赏；保持水土。

（杨赵平　摄）

209 昭苏蝇子草 *Silene pseudotenuis* Schischk.（乌恰新记录）

石竹科 Caryophyllaceae　蝇子草属 *Silene*

形态特征： 多年生草本，高达 50 cm。茎下部被短柔毛，上部具黏液。基生叶匙状倒披针形或倒披针形。假轮伞状总状花序，具花 5～20；苞片卵状披针形；花萼筒状，有时带紫色；花瓣黄白或带肉红色，椭圆状倒披针形；雄蕊外露，花丝无毛；花柱显著外露。蒴果卵圆形。种子肾形。花果期 6—8 月。

分布： 我国新疆乌恰及伊犁州有分布。哈萨克斯坦、吉尔吉斯斯坦也有。

生境： 高山干草甸。

利用价值： 观赏；保持水土。

（杨赵平　摄）

210 天山蝇子草 *Silene tianschanica* Schischk.（乌恰新记录）

石竹科 Caryophyllaceae　蝇子草属 *Silene*

形态特征：亚灌木状草本，高 30 ～ 40 cm。茎密丛生。叶片线形，微抱茎。圆锥式总状花序；苞片卵状披针形，边缘膜质；花萼筒状棒形，果期上部微膨大，纵脉紫色；花瓣白色，爪狭楔形，瓣片露出花萼，轮廓倒卵形；副花冠片乳头状。蒴果卵形，与宿存萼近等长。种子三角状肾形。花果期 6—8 月。

分布：我国新疆天山山脉及北部山区有分布。哈萨克斯坦、吉尔吉斯斯坦也有。

生境：石质山坡的阳坡。

利用价值：观赏；保持水土。

（杨赵平　摄）

211 准噶尔繁缕 *Stellaria soongoricus* Roshev.

石竹科 Caryophyllaceae　繁缕属 *Stellaria*

形态特征: 多年生草本,高 15 ～ 25 cm。全株无毛。根状茎细。茎单生或疏丛生,微具四棱,不分枝或分枝。叶片线状披针形或线形,基部被柔毛,无柄。花单个顶生或腋生;苞片披针形,边缘膜质;萼片 5,边缘白色,膜质;花瓣 5,白色,较萼片长约 1 mm;花柱 3,果时外露。蒴果长于宿存萼,6 齿裂。种子细小,肾状圆形或卵形,褐色,具细疣状凸起。花果期 6—9 月。

分布: 我国新疆广布。吉尔吉斯斯坦、哈萨克斯坦、塔吉克斯坦以及中亚其他地区也有。

生境: 高山草甸。

利用价值: 观赏;保持水土。

(杨赵平 摄)

212 无叶假木贼 *Anabasis aphylla* L.（乌恰新记录）

苋科 Amaranthaceae　假木贼属 *Anabasis*

形态特征：半灌木，高 20～50 cm。茎多分枝，小枝灰白色，常具环状裂隙；当年枝鲜绿色，节间多数。叶不明显。花 1～3 生于叶腋，少数枝端集成穗状花序；小苞片短于花被，边缘膜质；外轮 3 个花被片果时背面下方生横翅，淡黄色或粉红色，内轮 2 个花被片无翅或具较小的翅。胞果直立，近球形，果皮肉质，暗红色，平滑。花果期 8—10 月。

分布：我国新疆广布；甘肃西部有分布。哈萨克斯坦、中亚、伊朗及欧洲也有。

生境：生于山前砾石洪积扇、戈壁、沙丘间、干旱山坡。

利用价值：幼枝含有多种生物碱，对昆虫有触杀、胃毒和熏杀的作用，是一种良好的农药原料；保持水土。

（杨赵平　摄）

213 短叶假木贼 *Anabasis brevifolia* C. A. Mey.（乌恰新记录）

苋科 Amaranthaceae　假木贼属 *Anabasis*

形态特征： 半灌木，高达 20 cm。木质茎极多分枝，呈丛生状；小枝灰白色，常具环状裂隙；当年生枝黄绿色。叶半圆柱状。花单生叶腋，有时 2 ～ 4 花簇生短枝；花被片卵形，翅状附属物杏黄或紫红色，稀暗褐色；花盘裂片半圆形，带橙黄色；花药先端急尖；子房表面通常有乳头状小突起；柱头黑褐色，内侧有小突起。胞果卵形至宽卵形，黄褐色。种子暗褐色，近圆形。花果期 7—10 月。

分布： 我国新疆广布；内蒙古西部、宁夏、甘肃西部有分布。蒙古、西伯利亚 、哈萨克斯坦、中亚也有。

生境： 洪积扇和山间谷地的砾质荒漠、草原化荒漠。

利用价值： 优良饲草；保持水土。

（杨赵平　摄）

214 西伯利亚滨藜 *Atriplex sibirica* L.

苋科 Amaranthaceae　滨藜属 *Atriplex*

形态特征： 一年生草本，高达 50 cm。茎常基部分枝，枝外倾或斜伸，钝四棱形，被粉粒。叶卵状三角形或菱状卵形，上面灰绿色，无粉粒或稍被粉粒，下面灰白色，密被粉粒。雌雄花混合成簇，腋生。胞果扁平，卵形或近圆形，果皮膜质，与种子贴生。种子直立，黄褐至红褐色。花果期 7—9 月。

分布： 我国新疆广布；东北、华北、西北其他各地有分布。哈萨克斯坦、西伯利亚及蒙古也有。

生境： 撂荒地、平原荒漠、盐碱荒地、湖边、河岸、渠沿、沙地及固定沙丘等。

利用价值： 饲用；保持水土。

（杨赵平　摄）

215 球花藜 *Blitum virgatum* L.（乌恰新记录）

苋科 Amaranthaceae　球花藜属 *Blitum*

形态特征：一年生草本，高达 70 cm。茎多由基部分枝，直立或斜升，平滑。下部叶三角状狭卵形，两面均为鲜绿色，边缘具不整齐的牙齿，叶柄与叶片等长或较短；茎上部和分枝上的叶逐渐变小，两侧具 1～4 对牙齿或全缘。花被绿色，果熟时肥厚多汁，呈红色浆果状，甚似桑椹。胞果扁球形，果皮膜质透明。种子直立，红褐色至黑色，约 1 mm。花果期 7—10 月。

分布：我国新疆乌恰、和静、富蕴、阿勒泰、奇台、乌鲁木齐、塔城、托里、沙湾、伊宁、察布查尔、昭苏有分布；甘肃西部，西藏也有。中亚、欧洲、非洲也有。

生境：河漫滩、林缘、山坡湿处、山地草甸、山地河谷。

利用价值：保持水土。

（杨赵平　摄）

216 尖叶盐爪爪 *Kalidium cuspidatum* (Ung.-Sternb.) Grubov

苋科 Amaranthaceae　盐爪爪属 *Kalidium*

形态特征: 小半灌木,高达 40 cm。自基部分枝,直立或斜伸,灰褐色或黄灰色,小枝黄绿色。叶卵圆形,长 1.5～3 mm,肉质,顶端急尖,稍内弯,基部下延,半抱茎。穗状花序生枝条上部,长 5～15 mm;每 1 苞片内有 3 花,排列紧密;花被合生,上部扁平成盾状,盾片呈长五角形,有狭窄的翅状边缘。种子近圆形,淡红褐色,有乳头状小突起。花果期 7—9 月。

分布: 我国新疆乌恰、库车、拜城、温宿、喀什、乌鲁木齐、精河、博乐有分布;内蒙古、甘肃、青海、河北及陕西有分布。蒙古也有。

生境: 荒漠及草原类型的盐碱地及盐湖边。

利用价值: 饲用;保持水土。

（杨赵平　摄）

217 驼绒藜 *Krascheninnikovia ceratoides* (L.) Gueldenst.

苋科 Amaranthaceae 驼绒藜属 *Krascheninnikovia*

形态特征: 灌木或半灌木,高达2 m。分枝多集中于下部,斜展或平展。叶较小、条形、条状披针形、披针形或矩圆形。雄花序较短,紧密;雌花管侧扁,椭圆形或倒卵形,角状裂片长为管长的1/3到近等长,果时外具4束长毛。果直立,椭圆形,被毛。花果期6—9月。

分布: 我国新疆广布;内蒙古、西藏和西北其他地区有分布。欧、亚大陆的干旱地区也有。

生境: 山前平原、低山山谷、山麓洪积扇、河谷阶地沙丘到山地草原阳坡的砾质荒漠、沙质荒漠及草原地带。

利用价值: 饲用;保持水土。

（杨赵平　摄）

218 长刺猪毛菜 *Salsola paulsenii* Litv.（乌恰新记录）

菊科 Amaranthaceae 猪毛菜属 *Salsola*

形态特征： 一年生草本，高达 60 cm。茎自基部分枝，通常为淡红褐色。叶片半圆柱形，顶端有刺状尖，基部稍扩展。花序穗状；苞片长卵形，有刺状尖；小苞片宽披针形，微向外反折；花被片宽披针形，近于膜质，有短硬毛；柱头丝状，比花柱长。种子横生。花果期 7—10 月。

分布： 我国新疆乌恰、奇台、乌鲁木齐、玛纳斯、石河子、沙湾有分布。蒙古、哈萨克斯坦、中亚、外高加索及欧洲也有。

生境： 砾质荒漠、固定沙丘、含盐沙地、盐碱地等。

利用价值： 饲用；保持水土。

（杨赵平 摄）

219 五蕊碱蓬 *Suaeda arcuata* Bunge（乌恰新记录）

苋科 Amaranthaceae　碱蓬属 *Suaeda*

形态特征：一年生草本；高达 20 cm。茎直立，细瘦，分枝或不分枝；叶条形，略扁平，先端急尖，基部渐狭。团伞花序含 3～6 花，紧密，腋生；小苞片卵形，先端多为尾尖，边缘有微齿；花两性兼有雌性；花被不等大，5 深裂，裂片兜状，具 3 脉，边缘膜质。花果期 7—10 月。

分布：我国新疆乌恰、阿图什、喀什有分布。中亚也有。

生境：灌丛林下。

利用价值：饲用；保持水土。

（杨赵平　摄）

220 合头藜 *Sympegma regelii* Bunge

苋科 Amaranthaceae　合头草属 *Sympegma*

形态特征: 亚灌木; 高可达 1.5 m。茎直立, 老枝黄白至灰褐色; 当年生枝灰绿色; 小枝基部具关节, 易断落。叶互生, 圆柱形, 稍肉质, 先端尖, 基部缢缩。花两性, 常 3 花生于单节间的腋生小枝顶端; 花被具 5 个离生花被片, 外轮 2 片, 内轮 3 片, 长圆形, 果时硬化; 雄蕊 5, 柱头 2。胞果, 果皮膜质, 与种子离生。种子直立, 近圆形。花果期 7—10 月。

分布: 我国新疆南部和东部分布; 内蒙古及西北其他地区有分布。中亚、哈萨克斯坦及蒙古也有。

生境: 在乌恰采于路边荒地。

利用价值: 饲用; 保持水土。

（杨赵平　摄）

221 天山点地梅 *Androsace ovczinnikovii* Schischk. & Bobrov

报春花科 Primulaceae　点地梅属 *Androsace*

形态特征： 多年生草本，高达 10 cm。植株由根出条上着生的莲座状叶丛形成疏丛。根幼时红褐色，老时深紫褐色。莲座状叶丛灰绿色，外层叶背面中上部和边缘被柔毛；内层叶背面中部以上和边缘具长柔毛。花葶 1～3 枚自叶丛中抽出，被长柔毛；伞形花序 3～8 花；苞片疏被柔毛；花萼杯状或阔钟状，分裂近达中部；花冠白色至粉红色，先端近全缘或微凹。花果期 6—8 月。

分布： 我国新疆天山、帕米尔高原、阿尔泰山、昆仑山和阿尔金山有分布。俄罗斯、蒙古、哈萨克斯坦、吉尔吉斯斯坦也有。

生境： 高山至亚高山草甸、山沟阳坡、山地草原、河漫滩。

利用价值： 观赏；保持水土。

（杨赵平　摄）

222 假报春 *Cortusa matthioli* L.

报春花科Primulaceae　**假报春属** *Cortusa*

形态特征：多年生草本，高达 25 cm。叶基生，近圆形，掌状浅裂；叶柄长为叶片的 2～3 倍，被柔毛。花葶直立，近无毛；伞形花序 5～10 花；苞片狭楔形，顶端有缺刻状深齿；花萼分裂略超过中部，裂片披针形；花冠漏斗状钟形，紫红色，分裂略超过中部，裂片长圆形；雄蕊着生于花冠基部；花柱伸出花冠外。蒴果圆筒形，长于宿存花萼。花果期 5—8 月。

分布：我国新疆天山、帕米尔高原、阿尔泰山、昆仑山和阿尔金山有分布。俄罗斯、蒙古西部、哈萨克斯坦、吉尔吉斯斯坦和阿富汗也有。

生境：高山和亚高山草甸、山谷阳坡草地、山坡石缝、林缘、林间空地、河滩灌丛下。

利用价值：观赏；保持水土。

（杨赵平、李攀　摄）

223 海乳草 *Lysimachia maritima* (L.) Galasso, Banfi & Soldano

报春花科 Primulaceae 珍珠菜属 *Lysimachia*

形态特征： 多年生草本，高达 25 cm。全株无毛，稍肉质。茎直立或下部匍匐。叶对生或互生，近无柄，肉质，全缘。花单生叶腋；无花冠；花萼白或粉红色，花冠状，通常分裂达中部，裂片 5；雄蕊 5，与萼片互生；子房卵球形，柱头呈小头状。蒴果卵状球形，顶端略呈喙状，下半部为萼筒所包，上部 5 裂。种子少数，椭圆形，褐色。

分布： 我国新疆广布；北方各地及四川（西部）和西藏也有分布。

生境： 平原荒漠、潮湿草地、河边、渠沿、湖岸。

利用价值： 全草可入药，具有清热解毒的功效；饲用；观赏；保持水土。

（杨赵平 摄）

224 天山报春 *Primula nutans* Georgi（乌恰新记录）

报春花科 Primulaceae　报春花属 *Primula*

形态特征： 多年生草本，高达 40 cm，全株无粉。根状茎短，具多数须根。叶莲座状，叶片卵圆形至近圆形，长达 2.5 cm，边缘全缘或微具浅齿。花葶高达 25 cm，花后期伸长，无毛；伞形花序 2～10 花；苞片椭圆形，先端钝或具锐尖头，基部下延成耳垂状；花萼管状钟形，外面通常被褐色小腺点，基部下延成囊状；花萼裂片花后期通常开展；花冠淡紫红色，喉部黄色，具环状附属物；花柱稍伸出冠筒口；雄蕊着生于冠筒上部。蒴果长圆形。花果期 5—8 月。

分布： 我国新疆乌恰、塔什库尔干、特克斯、昭苏、温宿有分布；内蒙古、甘肃、青海、四川北部有分布。北欧经俄罗斯西伯利亚至北美的国家也有。

生境： 高山和亚高山草甸、山谷阳坡草地、山坡石缝、林缘、林间空地、河滩灌丛下。

利用价值： 观赏；保持水土。

（杨赵平、李攀　摄）

225 钝叶单侧花 *Orthilia obtusata* (Turcz.) H. Hara（乌恰新记录）

杜鹃花科 Ericaceae　单侧花属 *Orthilia*

形态特征： 多年生常绿草本状半灌木，高达 15 cm。根茎长，有分枝。叶近轮生于茎下部，薄革质，边缘有圆齿。2 ～ 11 花形成总状花序，偏向一侧；花序轴有细小疣；花冠淡绿白色；萼片卵圆形或阔三角状圆形，边缘有齿；花瓣长圆形，基部有 2 小突起，边缘有小齿；花柱直立伸出花冠；柱头肥大，5 浅裂。蒴果近扁球形。花果期 7—8 月。

分布： 我国新疆天山、阿尔泰山及塔尔玛哈山有分布；黑龙江、吉林、辽宁、内蒙古、山西、甘肃、青海及四川北部有分布。北欧、俄罗斯、中亚也有。

生境： 山地草甸草原、河谷、林缘、灌丛林。

利用价值： 观赏；保持水土。

（杨赵平　摄）

226 圆叶鹿蹄草 *Pyrola rotundifolia* L.（乌恰新记录）

杜鹃花科 Ericaceae　鹿蹄草属 *Pyrola*

形态特征：常绿草本状小半灌木，高达 30 cm。根茎细长，横生或斜生，有分枝。叶 4～7，基生，革质，圆形或圆卵形；叶基圆形至圆截形；叶上面绿色，下面稍淡；叶柄长约为叶片之 2 倍或近等长。花葶具 1～2 枚褐色鳞片状叶；总状花序有 6～18 花，花倾斜，稍下垂，花冠广开，白色；萼片狭披针形；花瓣倒圆卵形；雄蕊 10，花丝无毛；花柱倾斜，上部向上弯曲，伸出花冠，顶端有明显的环状突起。蒴果扁球形。花果期 6—9 月。

分布：我国新疆天山、阿尔泰山、塔尔巴哈台山、准噶尔西部有分布；东北、华北、华南、西南各地有分布。欧洲、北美、俄罗斯、蒙古、中亚也有。

生境：山地草原、河谷、林缘、灌丛林。

利用价值：全草可入药，具有清热解毒、消肿止痛、利尿、散瘀的功效；观赏；保持水土。

（李攀　摄）

227 猪殃殃 *Galium spurium* L.（乌恰新记录）

茜草科 Rubiaceae　拉拉藤属 *Galium*

形态特征： 蔓生或攀缘状一年生草本。茎细，有4棱，棱上、叶缘、叶中脉上均有倒生的小刺毛。叶纸质近膜质，6～8轮生，带状倒披针形或长圆状披针形，顶端有针状凸尖头1脉，近无柄。聚伞花序腋生或顶生，花小，4数，有纤细的花梗；花冠黄绿色或白色，辐状，裂片长圆形，镊合状排列。果干燥，有1或2个近球状的分果，密被钩毛。花果期5—9月。

分布： 我国新疆乌恰、特克斯、昭苏有分布；除海南及南海诸岛外，各地均有。日本、朝鲜、巴基斯坦也有。

生境： 林带林缘、山地草原和沟谷。

利用价值： 全草可入药，具有清热解毒、消肿止痛、利尿、散瘀的功效；保持水土。

（杨赵平　摄）

228 蓬子菜 *Galium verum* L.（乌恰新记录）

茜草科 Rubiaceae 拉拉藤属 *Galium*

形态特征： 多年生草本，高达 45 cm。茎有 4 棱角，被短柔毛或秕糠状毛。叶纸质，叶 6～10 轮生，线形，顶端短尖，边缘极反卷，干后常黑色。聚伞花序顶生和腋生，较大，多花，通常在枝顶结成圆锥花序；花冠黄色，辐状，无毛，花冠裂片卵形或长圆形；花药黄色；花柱顶部 2 裂。果双生，小，近球状，无毛。花果期 6—8 月。

分布： 我国新疆天山、阿尔泰山、准噶尔西部山地、昆仑山、帕米尔高原有分布；西南、西北、华北、东北和长江流域各地有分布。东北亚、印度、巴基斯坦、亚洲西部、欧洲、美洲北部也有。

生境： 山地草原及高山草甸、草原、林带阳坡。

利用价值： 全草可入药，用于治疗肝炎、肿痛、稻田皮炎、荨麻疹、静脉炎、跌打损伤、妇女血气痛等；保持水土。

（杨赵平　摄）

229 蓝白龙胆 *Gentiana leucomelaena* Maxim. ex Kusn.（乌恰新记录）

龙胆科 Gentianaceae　　龙胆属 *Gentiana*

形态特征： 一年生草本，高达 5 cm。茎黄绿色，光滑，基部多分枝。基生叶稍大，两面光滑；茎生叶边缘光滑膜质，狭窄或不明显。花数朵，单生于小枝顶端；花萼钟形，裂片三角形，边缘膜质；花冠白色或淡蓝色，外面具蓝灰色宽条纹，喉部具蓝色斑点，钟形；雄蕊着生于冠筒下部。蒴果外露，倒卵圆形，具宽翅，两侧边缘具狭翅，基部渐狭。种子褐色，表面具光亮的念珠状网纹。花果期 5—10 月。

分布： 我国新疆天山、帕米尔高原、阿尔泰山和巴哈台山有分布；西藏、四川、青海、甘肃也有分布。印度、尼泊尔、中亚、俄罗斯、蒙古也有。

生境： 亚高山草甸至高山草原。

利用价值： 观赏。

（杨赵平　摄）

230 新疆龙胆 *Gentiana prostrata* var. *karelinii* (Griseb.) Kusn.（乌恰新记录）

龙胆科 Gentianaceae 龙胆属 *Gentiana*

形态特征： 一年生草本，高达 6 cm，偶至 10 cm。茎黄绿色，光滑，基部多分枝。单叶，匙形或卵圆状匙形，愈向茎上部叶愈大，先端圆形或钝圆，边缘软骨质，有乳突，叶柄边缘具短睫毛；基生叶小，花期枯萎，宿存；茎生叶疏离。花数朵，单生于小枝顶端；花梗黄绿色，光滑，藏于最上部一对叶中；花萼筒状，长为花冠的 3/4，萼筒常具 5 条白色膜质纵条纹；花冠上部蓝色或紫色，下部黄绿色；雄蕊着生于冠筒上部，整齐，花丝丝状，花药矩圆形，花柱线形。蒴果内藏或外露，狭矩圆形。花果期 7—9 月。

分布： 我国新疆乌恰、塔城、霍城、伊宁、昭苏、巩留分布。 俄罗斯、哈萨克斯坦、吉尔吉斯斯坦、乌兹别克斯坦也有。

生境： 亚高山至高山草甸。

利用价值： 观赏；保持水土。

（杨赵平　摄）

231 新疆秦艽 *Gentiana walujewii* Regel & Schmalh（乌恰新记录）

龙胆科 Gentianaceae　龙胆属 *Gentiana*

形态特征： 多年生草本，高达 25 cm。须根数条，黏结成一个较粗的圆柱形的根。枝少数丛生，斜升。莲座丛叶狭椭圆形，长 7 ～ 15 cm，宽 1 ～ 3.5 cm，叶脉 3 ～ 5 条，叶柄宽。花多数，无花梗，簇生枝顶呈头状；花萼筒膜质，筒状，长 7 ～ 10 mm；花冠黄白色，宽筒形或筒状钟形，长 2.5 ～ 3 cm，裂片卵状三角形；雄蕊着生于冠筒中部，整齐，花丝线状钻形，长 8 ～ 11 mm；子房椭圆状披针形，长 8 ～ 10 mm。蒴果内藏，椭圆形，长 13 ～ 15 mm，两端渐狭，柄长 8 ～ 9 mm。种子褐色，有光泽表面具细网纹。花果期 7—9 月。

分布： 我国新疆天山、阿尔泰山、塔尔巴哈台山及准噶尔西部山地分布。俄罗斯、哈萨克斯坦、吉尔吉斯斯坦也有。

生境： 亚高山至高山草甸。

利用价值： 根部可入药，具有舒筋活血、祛风湿、退虚热的功效；保持水土。

（杨赵平　摄）

232 新疆假龙胆 *Gentianella turkestanorum* (Gand.) Holub

龙胆科 Gentianaceae　假龙胆属 *Gentianella*

形态特征：一或二年生草本，高达 35 cm。茎单生，近四棱形，常带紫红色。叶无柄，卵形或卵状披针形，先端急尖，半抱茎。聚伞花序顶生和腋生，多花，密集，其下有叶状苞片；花 5 数，大小不等；花萼钟状，长为花冠之半至稍短于花冠；花冠淡蓝色，具深色细纵条纹，筒状或狭钟状筒形，浅裂，先端钝，具长约 1 mm 的芒尖；雄蕊着生于冠筒下部；子房宽线形，两端渐尖，柱头小，2 裂。蒴果具短柄，长 1.8 ～ 2.2 cm。种子黄色，圆球形。花果期 6—8 月。

分布：我国阿尔泰山、塔尔巴哈台山、准噶尔西部山地、天山、帕米尔高原有分布。俄罗斯、中亚、蒙古也有。

生境：河边、湖边台地、阴坡草地、林下。

利用价值：全株可入药，具有泻肝胆实火、降下焦湿热的功效；观赏；保持水土。

（杨赵平　摄）

233 扁蕾 *Gentianopsis barbata* (Froel.) Ma

龙胆科 Gentianaceae　　扁蕾属 *Gentianopsis*

形态特征： 一年生或二年生草本，高达 40 cm。茎单生，近圆柱形，条棱明显。基生叶多对，常早落，匙形或线状倒披针形；茎生叶 3～10 对，无柄。花单生茎或分枝顶端；花梗近圆柱形，有明显的条棱；花萼筒状，异形，外对线状披针形，内对卵状披针形；花冠筒状漏斗形，筒部黄白色，檐部蓝色或淡蓝色；子房具柄，狭椭圆形。蒴果具短柄，与花冠等长；种子褐色，表面有密的指状突起。花果期 7—9 月。

分布： 我国新疆广布；西北、华北、东北、西南及湖北西部有分布。俄罗斯、蒙古、中亚也有。哈萨克斯坦、吉尔吉斯斯坦、日本、北欧、美国（阿拉斯加）、加拿大也有。

生境： 山地草原至高山草甸草原。

利用价值： 全草可入药，具有清热、利胆、退黄的功效，治疗肝炎、胆囊炎、头痛、发热；观赏；保持水土。

（杨赵平　摄）

234 肋柱花 *Lomatogonium carinthiacum* (Wulfen) Rchb.（乌恰新记录）

龙胆科 Gentianaceae 肋柱花属 *Lomatogonium*

形态特征： 一年生草本，高达 30 cm。茎带紫色，自下部多分枝，枝细弱，几四棱形。基生叶早落，具短柄，莲座状，叶片匙形；茎生叶无柄。聚伞花序或花序生分枝顶端或腋生；花梗斜上升，几四棱形；花 5 数，大小不等；花萼长为花冠的 1/2，裂片卵状披针形或椭圆形；花冠蓝色，裂片椭圆形或卵状椭圆形；子房无柄，柱头下延至子房中部。蒴果无柄，圆柱形。种子褐色，近圆形。花果期 8—10 月。

分布： 我国新疆天山、昆仑山和巴哈台山有分布；东北、华北、西北及西藏和四川也有分布。哈萨克斯坦、吉尔吉斯斯坦、蒙古、日本、北欧、美国、加拿大也有。

生境： 山坡草地、灌丛草甸、河滩草地、高山草甸。

利用价值： 有清热利湿，解毒的功效；观赏；保持水土。

（杨赵平 摄）

235 膜边獐牙菜 *Swertia marginata* Schrenk

龙胆科 Gentianaceae　獐牙菜属 *Swertia*

形态特征： 多年生草本植物，高 10 ～ 35 cm，不分枝。根绳状扭曲，暗黄色。叶基部丛生，长圆形，基部呈长柄状，全缘，偶有紫黑色斑点，叶脉 3 ～ 5；茎生叶 1 ～ 2 对，对生，无柄，基部连合成鞘，长卵圆形。花着生顶端，圆锥花序，小花具长柄；花萼 5 裂，裂片长圆状披针形，边缘膜质，淡黄色，常短于花瓣；花冠淡黄色沿中脊为深蓝色或黑色，边缘膜质，背部蓝黑色，花瓣 5 个，顶端有流苏状毛丝，淡黄色；雄蕊 5，短于花冠，与花萼等长或短，花药蓝色；子房无柄，柱头 2 裂。蒴果长卵形。种子小，褐色外被近圆具棱角的突起。花果期 7—10 月。

分布： 我国新疆阿尔泰山、塔尔巴哈台山、天山、帕米尔高原。俄罗斯、中亚、蒙古和巴基斯坦也有。

生境： 生于阿尔泰山、塔尔巴哈台山、天山、帕米尔高原的亚高山至高山草甸草原。

利用价值： 可供入药，同多年生獐牙菜。

（杨赵平　摄）

236 软紫草 *Arnebia euchroma* (Royle) I. M. Johnst.

紫草科 Boraginaceae　软紫草属 *Arnebia*

形态特征： 根粗壮，富含紫色物质。茎直立，高 15～40 cm，基部有残存叶基形成的茎鞘，被开展的白色或淡黄色长硬毛。叶无柄，两面均疏生半贴伏的硬毛。镰状聚伞花序生茎上部叶腋；苞片披针形；花萼裂片线形；花冠筒状钟形，深紫色，有时淡黄色带紫红色；雄蕊着生于花冠筒中部或喉部；花柱先端浅 2 裂，柱头 2，倒卵形。小坚果宽卵形，黑褐色。花果期 6—8 月。

分布： 我国新疆天山、阿尔泰山、帕米尔高原和昆仑山有分布；西藏也有分布。印度西北部、尼泊尔、巴基斯坦、阿富汗、伊朗、中亚及西伯利亚也有。

生境： 洪积扇、前山和中山带山坡。

利用价值： 根可入药，具有凉血、活血、清热、解毒的功效；观赏；保持水土。

（杨赵平　摄）

237 黄花软紫草 *Arnebia guttata* Bunge

紫草科 Boraginaceae　软紫草属 *Arnebia*

形态特征： 多年生草本，高达 30 cm。根含紫色物质。茎直立，多分枝，密生开展的长硬毛和短伏毛。叶无柄，匙状线形至线形，两面密生具基盘的白色长硬毛，先端钝。镰状聚伞花序含多数花；苞片线状披针形；花萼裂片线形；花冠黄色，筒状钟形；雄蕊着生花冠筒中部或喉部，花药长圆形；子房 4 裂，花柱丝状，稍伸出喉部或仅达花冠筒中部。小坚果三角状卵形，淡黄褐色，有疣状突起。花果期 6—10 月。

分布： 我国新疆阿尔泰山、准噶尔西部山地、天山、帕米尔高原有分布；西藏、甘肃西部、宁夏、内蒙古、河北北部有分布。印度西北部、巴基斯坦、阿富汗、伊朗、中亚及西伯利亚、蒙古也有。

生境： 砾石山坡、洪积扇、山前草地及草甸等处。

利用价值： 根可入药，用于治疗麻疹不透、斑疹、便秘、腮腺炎等；观赏；保持水土。

（杨赵平　摄）

238 糙草 *Asperugo procumbens* L.

紫草科 Boraginaceae　糙草属 *Asperugo*

形态特征：一年生蔓生草本。茎细弱，攀缘，中空，通常有分枝。下部茎生叶具叶柄，叶片匙形，全缘或有明显的小齿，两面疏生短糙毛；中部以上茎生叶无柄，渐小并近于对生。花通常单生叶腋，具短花梗；花萼5裂至中部稍下，有短糙毛，裂片之间各具2小齿，花后增大，左右压扁，边缘具不整齐锯齿；花冠蓝色，筒部比檐部稍长，喉部附属物疣状；雄蕊5，内藏；花柱内藏。小坚果狭卵形，灰褐色，表面有疣点，着生面圆形。花果期7—9月。

分布：我国新疆各山区有分布；陕西、甘肃、青海、西藏、四川、河北有分布。亚洲西部、中亚、欧洲、非洲也有。

生境：海拔2000 m以上的山地草坡、村旁、田边等处。

利用价值：观赏；保持水土。

（杨赵平　摄）

239 长毛齿缘草 *Eritrichium villosum* (Ledeb.) Bunge（乌恰新记录）

紫草科 Boraginaceae 齿缘草属 *Eritrichium*

形态特征： 多年生草本，高达 23 cm。茎数条丛生，被柔毛。基生叶莲座状，无柄，宽披针形、倒披针形或长圆形；茎生叶狭披针形或狭长圆形。花序生茎或分枝顶端，具叶状苞片，有数至 10 花，果期呈总状；花萼裂片狭披针形至线形；花冠蓝色、淡紫色或黄色，钟状；雄蕊着生花冠筒中部，花药椭圆形；雌蕊基高约 0.5 mm。小坚果近陀螺状，基部连合成狭翅。花果期 6—9 月。

分布： 我国新疆乌恰、青河、富蕴、哈巴河、裕民、精河、新源有分布；西藏和黑龙江有分布。日本、阿富汗、巴基斯坦、印度和西伯利亚也有。

生境： 高山草甸。

利用价值： 观赏；保持水土。

（杨赵平 摄）

240 费尔干鹤虱 *Lappula ferganensis* (Popov) Kamelin et G. L. Chu（乌恰特有种）

紫草科 Boraginaceae　鹤虱属 *Lappula*

形态特征： 二年生草本，高达 30 cm。根状茎横生。不分枝或分枝较少。莲座状叶线形或线状倒披针形；茎生叶稀疏、远离，下部线形，果期多枯萎，上部狭卵形，疏生绢毛。花序顶生，果期伸长；下部苞片叶状，狭卵形，上部线形与果梗几等长；花萼 5 深裂，裂片线状长圆形；花冠淡蓝色，筒部与花萼几等长。果实轮廓呈扁球形；花柱极短，隐藏于小坚果之间。花果期 6—9 月。

分布： 我国新疆乌恰分布。

生境： 高山草原及高山石质山坡。

利用价值： 保持水土。

（杨赵平　摄）

241 长柱琉璃草 *Lindelofia stylosa* (Kar. & Kir.) Brand

紫草科 Boraginaceae　长柱琉璃草属 *Lindelofia*

形态特征: 多年生草本,高达 100 cm。根粗壮。茎有贴伏的短柔毛。基生叶长圆状椭圆形至长圆状线形,两面疏生短伏毛;下部茎生叶近线形,有柄;中部以上茎生叶无柄或近无柄,狭披针形。花萼裂片钻状线形;花冠紫色或紫红色,无毛,筒部直,与萼近等长,檐部裂片线状倒卵形;花丝丝形,花药线状长圆形;子房 4 裂,花柱通常稍弯曲,柱头头状,细小。小坚果背腹扁,卵形。种子卵圆形,黄褐色。花果期 6—8 月。

分布: 我国新疆天山、阿尔泰山、昆仑山及帕米尔高原分布;甘肃中部和西部及西藏西北部有分布。中亚也有。

生境: 山地草原、林缘、河谷、灌丛林。

利用价值: 观赏;保持水土。

（杨赵平　摄）

242 勿忘草 *Myosotis alpestris* F. W. Schmidt（乌恰新记录）

紫草科 Boraginaceae　勿忘草属 *Myosotis*

形态特征： 多年生草本。茎直立，单一或数条簇生。基生叶和茎下部叶有柄，狭倒披针形、长圆状披针形或线状披针形；茎中部以上叶无柄。花序在花期短，花后伸长；无苞片；花梗较粗，果期直立；花冠蓝色，筒部长约 2.5 mm，裂片 5，近圆形，喉部附属物 5；花药椭圆形，先端具圆形的附属物。小坚果卵形，暗褐色，平滑，有光泽，周围具狭边但顶端较明显，基部无附属物。

分布： 我国新疆天山和阿尔泰山有分布；西北、华北、东北、云南、四川、江苏有分布。蒙古、朝鲜、日本、俄罗斯、哈萨克斯坦也有。

生境： 山地林缘或林下、山坡或山谷草地等处广布种。

利用价值： 清热解毒，护肤养颜，促进新陈代谢；观赏；保持水土。

（杨赵平　摄）

243 假狼紫草 *Nonea caspica* (Willd.) G. Don（乌恰新记录）

紫草科 Boraginaceae　假狼紫草属 *Nonea*

形态特征：一年生草本，高达 25 cm。叶无柄，基生叶和茎下部叶线状倒披针形；中部以上的叶线状披针形。花序花期短，花密集，花序轴、苞片、花梗及花萼都有短伏毛和长硬毛；花单生；苞片叶状，线状披针形；花冠紫红色；雄蕊内藏；柱头近球形，浅 2 裂；花托微凸。小坚果肾形，成熟时黑褐色，稍弯曲。种子肾形，灰褐色。花果期 4—7 月。

分布：我国新疆天山、阿尔泰山、塔尔巴哈台山、准噶尔西部山地有分布。中亚、高加索、伊朗至东欧也有。

生境：山坡、洪积扇、河谷阶地等处。

利用价值：观赏；保持水土。

（李攀　摄）

244 刚毛滇紫草 *Onosma setosa* Ledeb.（乌恰新记录）

紫草科 Boraginaceae　滇紫草属 *Onosma*

形态特征： 多年生草本。茎单一或多条，直立或斜生。基生叶倒披针形，基部渐狭，先端钝；茎生叶无柄，线形或披针形。花序顶生，类总状花序；花冠黄色，管状或钟状，蜜腺环状；喉部宽 5～7 mm，内外侧均光滑，蜜腺环状，宽约 0.5 mm，光滑，裂片宽三角形，长 1～2 mm，先端反曲；花药基部合并。小坚果黄褐色，具皱纹。花果期 7—8 月。

分布： 我国新疆乌恰、塔城有分布。哈萨克斯坦、蒙古、俄罗斯也有。

生境： 高山草甸。

利用价值： 观赏；保持水土。

（杨赵平　摄）

245 孪果鹤虱 *Rochelia bungei* Trautv.

紫草科 Boraginaceae　孪果鹤虱属 *Rochelia*

形态特征: 一年生草本，高达 15 cm，全体被灰白色糙毛。茎直立，通常自基部分枝；分枝细弱，斜上。基生叶叶片倒披针形至倒卵形，有短柄；茎生叶无柄，披针形至线形，长达 2 cm。花序果时长 5～10 cm，花疏；花梗长 5～7 mm，伸展或稍向下弯曲；苞片与叶同形；花萼裂片线形，果期宿存，向内弓曲；花冠淡蓝紫色，筒部与萼几等长，喉部具 5 个短梯形的附属物，檐部裂片倒卵形，不等大；花柱果时宿存于雌蕊基的顶端，高出小坚果约 0.6 mm。小坚果斜狭卵形，表面有具疣状基盘的星状毛。花果期 4—7 月。

分布: 我国新疆南部乌恰、北部和东部广布。中亚、巴尔干、小亚细亚至欧洲中部及南部也有。

生境: 盐碱荒地、高山草甸。

利用价值: 保持水土。

（杨赵平　摄）

246 长蕊琉璃草 *Solenanthus circinnatus* Ledeb.（乌恰新记录）

紫草科 Boraginaceae　长蕊琉璃草属 *Solenanthus*

形态特征： 多年生草本，高达 80 cm。根粗壮。茎基部有残存叶柄围成的鞘，通常不分枝。基生叶有长叶柄，叶片卵状长圆形；茎生叶无柄，狭长圆形至卵形。花序显著呈蝎尾状，多数，腋生，于茎上部再集成圆锥状花序；萼 5 裂至近基部；花冠宽筒状，紫红色；雄蕊着生附属物之上；子房 4 裂，柱头微小。小坚果卵形，狭卵形，微凹。花果期 4—8 月。

分布： 我国新疆乌恰、巩留、新源有分布。巴基斯坦、伊朗、俄罗斯、中亚及西伯利亚也有。

生境： 山地草原或高山草甸。

利用价值： 观赏；保持水土。

（杨赵平、李攀　摄）

247 紫筒草 *Stenosolenium saxatile* (Pall.) Turcz.

紫草科 Boraginaceae 紫筒草属 *Stenosolenium*

形态特征: 多年生草本,高达 25 cm。根细锥形,根皮紫褐色,稍含紫红色物质。茎密生开展的长硬毛和短伏毛。基生叶和下部叶匙状线形或倒披针状线形,近花序的叶披针状线形。花序顶生,逐渐延长,密生硬毛;苞片叶状;花萼裂片钻形,果期直立,基部包围果实;花冠蓝紫色、紫色或白色;花冠筒细,明显较檐部长;雄蕊螺旋状着生花冠筒中部之上。小坚果长 3 mm。花果期 4—9 月。

分布: 我国新疆乌恰、霍城、疏附有分布;西北、东北、华北有分布。中亚的帕米尔山区也有。

生境: 低山、丘陵及平原地区的草地、路旁、田边。

利用价值: 观赏;保持水土。

(杨赵平 摄)

248 灌木旋花 *Convolvulus fruticosus* Pall.

旋花科 Convolvulaceae　　旋花属 *Convolvulus*

形态特征: 亚灌木或小灌木,高达 40～50 cm。茎具多数成直角开展而密集的分枝,近垫状;枝条上具单 1 的短而坚硬的刺;分枝、小枝和叶均密被贴生绢状毛,稀在叶上被多少张开的疏柔毛。叶几无柄,倒披针形至线形,先端锐尖或钝,基部渐狭。花单生,位于短的侧枝上,通常在末端具两个小刺;萼片近等大,形状多变,宽卵形或卵形,椭圆形或椭圆状长圆形,密被贴生或多少张开的毛;花冠狭漏斗形,外面疏被毛;雄蕊 5,稍不等长,短于花冠,花丝丝状,花药箭形;子房被毛,花柱丝状,2 裂,柱头 2,线形。蒴果卵形,被毛。花果期 4—8 月。

分布: 我国新疆乌恰、乌什、温宿、乌鲁木齐、克拉玛依、昌吉、木垒、博乐有分布;内蒙古有分布。阿富汗、中亚、伊朗、蒙古也有。

生境: 生荒漠,砾石滩上。

利用价值: 保持水土。

（杨赵平　摄）

249 黑果枸杞 *Lycium ruthenicum* Murray

茄科 Solanaceae　枸杞属 *Lycium*

形态特征: 灌木，多棘刺，高达 150 cm。茎多分枝，常呈"之"字形曲折，白色或灰白色，小枝顶端呈棘刺状，每节具短棘刺。叶 2～6 枚簇生于短枝上，幼枝上单叶互生，近棒状、条状至匙形，肉质，无柄。花 1～2 生于短枝上；花梗细；花萼窄钟状，不规则浅裂，裂片膜质，边缘具疏缘毛，果时萼稍膨大；花冠漏斗状，淡紫色，先端 5 浅裂，长约为花筒部的 1/3；雄蕊着生于花冠筒中部，花柱与雄蕊近等长。浆果球形，熟时黑紫色。花果期 5—10 月。

分布: 我国新疆广布；西北和内蒙古广布。中亚、高加索和欧洲也有。

生境: 生于荒漠、盐碱地、盐化沙地、河湖沿岸、干河床或路旁。

利用价值: 国家 2 级保护植物。果实富含活性多糖和花青素，具有保健作用；保持水土。

（杨赵平　摄）

250 小车前 *Plantago arachnoidea* Schrenk（乌恰新记录）

车前科 Plantaginaceae　车前属 *Plantago*

形态特征: 多年生草本,高达 10 cm,全株密被长柔毛。主根圆柱形细长,黑褐色。基生叶平铺地面,条形,长 4～10 cm,宽 12 mm,全缘,叶柄短,鞘状。花葶少,直立或斜上;穗状花序卵形或矩圆形,长 6～15 mm;花密生苞片宽卵形或三角形,无毛,先端尖,短于萼片,中央龙骨状突起较宽,黑棕色;花萼卵形或椭圆形,无毛;花冠裂狭卵形,全缘。蒴果卵圆形至卵形,长约 4 mm,果皮膜质。种子 2 枚。花果期 6—9 月。

分布: 我国新疆天山山地及北疆各区域广布。俄罗斯、蒙古及中亚也有。

生境: 平原绿洲草地、田边、沟边及山地草原、亚高山草原、河谷草甸。

利用价值: 饲用;保持水土。

（杨赵平　摄）

251 平车前 *Plantago depressa* Willd.

车前科 Plantaginaceae　车前属 *Plantago*

形态特征: 一年生或二年生草本,高达 30 cm。直根系,多数侧根,肉质。叶基生呈莲座状;叶片纸质,椭圆形或卵状披针形,边缘具不规则齿状,脉 5～7 条,两面疏生白色短柔毛。花葶数个,直立或斜生;穗状花序长 4～15 cm,上部密集,基部常间断;苞片三角状卵形,内凹,无毛,龙骨突宽厚,宽于两侧片;花萼 4,倒卵形,先端钝圆,背部具绿色龙骨状突起;花冠筒等长或略长于萼片,裂片极小,花后反折;胚珠 5。蒴果卵状椭圆形至圆锥状卵形。种子 4～5,椭圆形。花果期 5—9 月。

分布: 我国新疆广布;其他各地也有分布。朝鲜、俄罗斯、蒙古、阿富汗、伊朗、日本及中亚也有。

生境: 草地、河滩、沟边、草甸、田间及路旁。

利用价值: 种子可入药,具有利水清热、止泻、明目的功效;保持水土。

（杨赵平　摄）

252 盐生车前 *Plantago salsa* Pall.（乌恰新记录）

车前科 Plantaginaceae　车前属 *Plantago*

形态特征： 多年生草本，高达 30 cm。直根粗长；根茎粗，常有分枝。叶簇生呈莲座状，稍肉质，线形；无明显的叶柄，基部扩大成三角形的叶鞘。花葶 1 至多个；花序梗直立或弓曲上升，贴生白色短糙毛；穗状花序圆柱状，紧密或下部间断，穗轴密生短糙毛；苞片三角状卵形或披针状卵形，先端短渐尖，边缘有短缘毛；萼片边缘、顶端及龙骨突脊上有粗短毛。蒴果圆锥状卵形。花果期 6—8 月。

分布： 我国新疆广布；内蒙古、陕西、青海有分布。俄罗斯、哈萨克斯坦、土库曼斯坦、蒙古也有。

生境： 海拔 100 ～ 3750 m 的戈壁、盐湖边、盐碱地、河漫滩、盐化草甸。

利用价值： 保持水土。

（杨赵平　摄）

253 有柄水苦荬 *Veronica beccabunga* subsp. *muscosa* (Korsh.) Elenevsky. (乌恰新记录)

车前科 Plantaginaceae 婆婆纳属 *Veronica*

形态特征: 多年生匍匐草本,全株无毛。根茎长;茎下部倾卧,节上生根,上部上升,分枝或不分枝。叶具很短但又明显的柄,叶片卵形,矩圆形或披针形,全缘或有浅锯齿。总状花序短,有花 10 ~ 20;花梗直或弯曲,几乎横叉开;花萼裂片卵状披针形,果期反折或多少离开蒴果;花冠淡紫色或淡蓝色,直径约 5 mm。蒴果近圆形,顶端凹口明显。种子膨胀,有浅网纹。花果期 4—9 月。

分布: 我国新疆乌恰、阿勒泰、布尔津有分布;云南西北部和四川西南部有分布。欧洲,北美及亚洲温带和亚热带山区也有。

生境: 水边。

利用价值: 观赏;保持水土。

(杨赵平 摄)

254 两裂婆婆纳 *Veronica biloba* L.（乌恰新记录）

车前科 Plantaginaceae　婆婆纳属 *Veronica*

形态特征： 一年生草本，高达 50 cm。通常中下部分枝，疏生白色柔毛。叶全部对生，有短柄，矩圆形至卵状披针形，边缘有疏而浅的锯齿。花序各部分疏生白色腺毛；苞片比叶小，披针形至卵状披针形；花梗与苞片等长，花后伸展或多少向下弯曲；花萼侧向较浅裂，裂达 3/4，明显 3 脉；花冠白色、蓝色或紫色，后方裂片圆形，其余 3 枚卵圆形；花丝短于花冠。蒴果被腺毛，几乎裂达基部而成两个分果。种子有不明显横皱纹。花果期 4—8 月。

分布： 我国新疆乌恰、阿勒泰、石河子、乌鲁木齐有分布；西北各地及四川西部和西藏有分布。印度西北部、亚洲中部及西部也有。

生境： 平原绿洲、高山草甸及荒地。

利用价值： 全草可入药，具有清热解毒的功效；保持水土。

（杨赵平　摄）

255 羽裂玄参 *Scrophularia kiriloviana* Schischk.

玄参科 Scrophulariaceae　玄参属 *Scrophularia*

形态特征： 半灌木状草本，高 30～50 cm。叶卵状椭圆形或卵状长圆形，前半部边缘具牙齿或大锯齿至羽状半裂，后半部羽状深裂至全裂，裂片具锯齿，稀全部边缘具大锯齿；叶柄长 0.3～2 cm。花序为圆锥花序，少腋生，主轴至花梗均疏生腺毛，下部各节的聚伞花序具花 3～7；花萼长约 2.5 mm，裂片近圆形，具明显宽膜质边缘；花冠紫红色，花冠筒近球形；雄蕊约与下唇等长，退化雄蕊矩圆形；子房长约 1.5 mm，花柱长约 4 mm。蒴果球状卵形。花果期 5—8 月。作者团队前期对新疆玄参属群体的谱系地理研究揭示新疆境内的原记录种砾玄参（*S. incisa*）与羽裂玄参（*S. kiriloviana*）皆为羽裂玄参（*S. kiriloviana*）。

分布： 我国新疆天山和阿尔泰山有分布。中亚地区也有。

生境： 林边、山坡阴处、溪边、石隙或干燥砂砾地。

利用价值： 可供药用；保持水土。

（杨赵平、李攀　摄）

256 异叶元宝草 *Alajja anomala* (Juz.) Ikonn.

唇形科 Lamiaceae　菱叶元宝草属 *Alajja*

形态特征： 多年生植物，高达 35 cm。茎多数，地下部分通常不分枝，较细弱，白色，其上有卵圆状披针形鳞片；地上部分茎中空，带紫红色，密被柔软白色或淡黄色的绵状毛。下部叶小，匙形，全缘，具长柄；上部叶较大，卵状菱形，基部楔形；苞叶最大，呈莲座状，宽菱形或楔状扇形，顶端钝或近圆形；叶片两面均被带灰白色短绒毛。轮伞花序具 2～4 花；苞片与萼筒等长，被柔软的绒毛；花萼和花冠外面被柔软近绵状毛；花萼钟形，花后稍增大；花冠大，紫色，冠檐二唇形。花果期 7—9 月。

分布： 我国新疆乌恰有分布；西藏有分布。中亚也有。

生境： 高山干山坡或砾石坡地。

利用价值： 观赏；保持水土。

（杨赵平　摄）

257 白花枝子花 *Dracocephalum heterophyllum* Benth.

唇形科 Lamiaceae　青兰属 *Dracocephalum*

形态特征： 多年生草本，高达 40 cm。茎在中部以下具长分枝，密被倒向的小毛。茎下部叶具超过或等于叶片的长柄，叶片宽卵形至长卵形，基部心形；茎中部叶与基生叶同形；茎上部叶变小，锯齿常具刺而与苞片相似。轮伞花序生于茎上部叶腋，具 4～8 花，花密集；花具短梗；苞片和萼片均具齿且齿具长刺；苞片较萼稍短或为其之 1/2；花萼浅绿色，上唇 3 裂至本身长度的 1/3 或 1/4，齿三角状卵形，下唇 2 裂至本身长度的 2/3 处，齿披针形；花冠白色，外面密被白色或淡黄色短柔毛，二唇近等长。花果期 6—8 月。

分布： 我国新疆阿尔泰山、准噶尔西部山地、天山、昆仑山、帕米尔高原有分布；西北、山西、内蒙古、四川西北部和青海有分布。中亚、印度、尼泊尔和阿富汗也有。

生境： 山地草原及半荒漠的多石干燥地区。

利用价值： 全草可入药，用于治疗慢性支气管炎、黄疸性发热、热性病头痛等；观赏；保持水土。

（杨赵平　摄）

258 无髭毛建草 *Dracocephalum imberbe* Bunge（乌恰新记录）

唇形科 Lamiaceae　青兰属 *Dracocephalum*

形态特征： 多年生草本，高达 40 cm。茎直立或渐升，不分枝，四棱形。基出叶多数，具长柄，叶片圆卵形或肾形，先端圆或钝，基部深心形，边缘具圆形波状牙齿，茎中部叶具鞘状短柄。轮伞花序密集，头状；花萼常带紫色，外被短毛至绢状长柔毛，缘被白色睫毛，上唇 3 深裂近本身基部，齿近等大，卵状三角形，先端锐尖；下唇 2 裂至基部，齿似上唇之齿，但较狭；花冠蓝紫色，外被柔毛；雄蕊不伸出，花丝疏被毛。花果期 7—9 月。

分布： 我国新疆天山、阿尔泰山和塔尔巴哈台山有分布。中亚也有。

生境： 亚高山及高山草原带砾石坡地。

利用价值： 观赏；保持水土。

（杨赵平、李攀　摄）

259 多节青兰 *Dracocephalum nodulosum* Rupr.

唇形科 Lamiaceae   青兰属 *Dracocephalum*

形态特征： 多年生草本，高达 40 cm。根茎渐升或水平，顶端分枝。茎下部常带紫色，被倒向的短柔毛。叶具短柄，柄较叶片短多倍，叶片宽卵形或卵形，先端钝，基部突然楔形，或带浅心形，边缘具缺刻状圆牙齿，两面尤其在脉上被短毛。轮伞花序密，近椭圆形；苞片倒三角形，具 3～5 披针形牙齿，牙齿具长刺尖，二唇形，上唇中齿较披针形的侧齿宽 2 倍，下唇 2 齿披针形；花冠干时黄白色，外面密被短毛。小坚果长圆形。花果期 6—8 月。

分布： 我国新疆乌恰、和布克赛尔有分布。中亚、蒙古也有。

生境： 山地草原带砾石坡地。

利用价值： 观赏；保持水土。

（杨赵平　摄）

260 铺地青兰 *Dracocephalum origanoides* Steph. ex Willd.（乌恰新记录）

唇形科 Lamiaceae　青兰属 *Dracocephalum*

形态特征： 多年生草本。茎平铺地面，具多数丛生的短缩小枝，被灰白色短柔毛。叶小，具柄，叶柄与叶片等长或过之，叶片羽状深裂，轮廓卵形，裂片3对。轮伞花序生于茎上部叶腋，密集；花具短梗；苞片长与花萼近等长或稍短，倒卵状披针形，被短柔毛及长睫毛，上部通常具3齿，稀全缘；花萼被短毛及睫毛，上唇3裂超过本身1/2，下唇2裂几达基部，先端刺状渐尖；花冠蓝色。小坚果黑色，长圆形。花果期6—8月。

分布： 我国新疆南部乌恰、北部广布；西藏和青海有分布。中亚和蒙古也有。

生境： 山坡草地或冲积地区干旱的土丘。

利用价值： 观赏；保持水土。

（杨赵平　摄）

261 长蕊青兰 *Dracocephalum stamineum* Kar. & Kir.（乌恰新记录）

唇形科 Lamiaceae 青兰属 *Dracocephalum*

形态特征： 多年生草本。根茎斜伸，顶端分枝。茎多数，渐升，不明显四棱形，紫红色。茎下部叶具长柄，中部叶的叶柄与叶片等长或稍过之；叶片草质，宽卵形，先端钝，基部心形，边缘具圆牙齿。轮伞花序生于茎上部；花具梗；苞叶叶状，椭圆状卵形或倒卵形；花萼外密被绵毛，紫色；花冠蓝紫色，二唇近等长；后对雄蕊长约 11 mm，远伸出花冠之外。小坚果长圆形，黑褐色。花果期 6—9 月。

分布： 我国新疆南部乌恰、北部广布。俄罗斯、哈萨克斯坦也有。

生境： 山地草甸草原。

利用价值： 观赏；保持水土。

（杨赵平 摄）

262 大花兔唇花 *Lagochilus grandiflorus* C. Y. Wu & S. J. Hsuan（乌恰新记录）

唇形科 Lamiaceae　兔唇花属 *Lagochilus*

形态特征： 多年生草本，高达 30 cm。根木质。茎自基部多分枝，干时白色，钝四棱形，被小刚毛。叶阔卵圆形，二回羽状深裂，先端具短刺尖，革质，下面被短柔毛及较多的明显的腺点。轮伞花序约 6 花；苞片及小苞片黄白色，针状，边缘被稀疏的白色长纤毛，老时毛脱落；花萼狭管状钟形，外面密被微柔毛，内面在萼筒无毛，余部被短柔毛，萼齿革质，先端急尖，具刺状小尖头；花冠粉红色，外面被白色长柔毛，内面有疏柔毛环；子房无毛。花果期 6—9 月。

分布： 我国新疆乌恰、巩留、特克斯、昭苏有分布。中亚也有。

生境： 山地草原或砾石区。

利用价值： 全草可入药，具有消炎、止血、镇静的功效。

（杨赵平　摄）

263 大齿兔唇花 *Lagochilus macrodontus* Knorring (乌恰新记录)

唇形科 Lamiaceae　兔唇花属 *Lagochilus*

形态特征： 多年生草本，高达 30 cm。自基部分枝。叶菱状三角形，革质，上面被稀疏的小刚毛，下面除密被小刚毛外并密布腺点；叶片羽状深裂，通常下部的 1 对裂片 3 深裂或羽状深裂，裂片及小裂片先端圆形，具小刺尖。轮伞花序 2～4 花；苞片钻形，中肋显著，上部的被平展具节刚毛，下部的毛脱落；花萼狭钟形，萼齿宽卵圆形，网脉明显，先端圆形，具短小刺尖，萼筒被较密而平展的、具节长柔毛及混生的小刚毛；花冠紫红色，外面基部无毛，余部密被白柔毛，近基部有疏柔毛毛环，上唇直立，下唇略短，3 裂，中裂片倒心形，顶端 2 裂；子房顶端有白色小突起。花果期 7—9 月。

分布： 我国新疆乌恰、察布查尔、巩留、特克斯有分布。中亚也有。

生境： 山地草原带砾石质坡地。

利用价值： 观赏；保持水土。

（杨赵平　摄）

264 短柄野芝麻 *Lamium album* L.

唇形科 Lamiaceae　　野芝麻属 *Lamium*

形态特征： 多年生草本，高达 50 cm。茎四棱形，中空。茎下部叶较小，茎上部叶卵圆形或卵圆状长圆形至卵圆状披针形，基部心形，边缘具牙齿状锯齿。轮伞花序 5 ～ 10 花；苞片线形，花萼钟形，基部有时紫红色；花冠浅黄或污白色，冠檐二唇形，上唇倒卵圆形，先端钝，下唇 3 裂，中裂片倒肾形，先端深凹，基部收缩，边缘具长睫毛，侧裂片圆形；雄蕊花丝扁平，花药黑紫色。小坚果长卵圆形，几三棱状，深灰色，无毛，有小突起。花果期 7—10 月。

分布： 我国新疆南部乌恰、北部广布；甘肃、山西、内蒙古和黑龙江有分布。中亚、日本和蒙古也有。

生境： 山地草甸及亚高山草甸、灌丛、河谷等地。

利用价值： 全株可入药，用于治疗跌打损伤、痛经、赤白带下、尿路感染、子宫内膜炎；观赏；保持水土。

（杨赵平 摄）

265 高山糙苏 *Phlomoides alpina* (Pall.) Adylov, Kamelin & Makhm.

唇形科 Lamiaceae　糙苏属 *Phlomoides*

形态特征: 多年生草本,高达 50 cm。具绳索状的根。茎单生,上部被向下长柔毛或星状毛。基生叶及下部茎生叶心形;下叶两面均疏被单节毛茸;基生叶及下部的茎生叶具超过叶片长的柄,上部叶具短柄。轮伞花序多花;苞片微弯曲,狭线形,被长而平展的具节毛茸;花冠粉红色,为萼长的 2 倍,外被具节茸毛;冠筒无毛;上唇为不整齐的锐牙齿状,边缘自内面具髯毛,下唇具阔圆形中裂片及长圆状圆形的侧裂片;雄蕊不伸出花冠。小坚果顶端被毛。花果期 7—9 月。

分布: 我国新疆广布。中亚也有。

生境: 亚高山草甸、山地草甸及针叶林阳坡。

利用价值: 观赏;保持水土。

（杨赵平　摄）

266 美丽沙穗 *Phlomoides speciosa* (Rupr.) Adylov, Kamelin & Makhm.
（乌恰新记录）

唇形科 Lamiaceae 糙苏属 *Phlomoides*

形态特征： 多年生草本，高达 40 cm。根伸长，粗壮，其上具须根，但常常肥大而呈纺锤形的块根状。根茎粗大，具绵状毛；茎四棱形，干时多少带紫色，密被纤细曲折白色具节的绵状柔毛。轮伞花序含 4～6 花，其上被白色具节绵状长柔毛；小苞片线形，膜质，齿近圆形，先端平截，具刺尖；花冠黄色，冠筒外面无毛，里面近基部处生有退化毛环痕，冠檐 2 唇形，上唇直伸，先端弧弯，外面被白色具节长柔毛花柱先端不等 2 浅裂，前裂片伸长，后裂片短。小坚果顶端具毛。花果期 6—8 月。

分布： 我国新疆乌恰、察布查尔、新源、特克斯、昭苏分布。伊朗和中亚也有。

生境： 山地草原地带。

利用价值： 观赏；保持水土。

（李攀 摄）

267 少齿黄芩 *Scutellaria oligodonta* Juz.

唇形科 Lamiaceae　黄芩属 *Scutellaria*

形态特征: 多年生半灌木，高达 20 cm。根茎木质，其上发育出多数茎，茎疏被倒向糙伏毛。叶片卵圆形，边缘每侧具 1 ～ 4 圆齿状锯齿，两面疏生糙伏毛及具柄腺毛。花序总状，密集；苞片卵圆状椭圆形，全缘或下部具 1 ～ 2 齿，密被平展长柔毛及具柄腺毛；花萼密被柔毛及具柄腺毛；花冠淡黄色，上唇及下唇 2 侧裂片顶部淡紫色，下唇亦具紫斑；冠筒基部膝曲，中部以上渐宽；冠檐 2 唇形，上唇盔状，先端微缺；雄蕊 4，均内藏；花柱先端锐尖，微裂；子房 4 裂，裂片等大。花果期 7—8 月。

分布: 我国新疆天山及帕米尔高原有分布。俄罗斯、中亚也有。

生境: 山地草坡、高山草甸及河岸阶地。

利用价值: 观赏；保持水土。

（杨赵平　摄）

268 拟百里香 *Thymus proximus* Serg.（乌恰新记录）

唇形科 Lamiaceae　百里香属 *Thymus*

形态特征： 半灌木。茎匍匐，花枝四棱形，密被下曲的柔毛。叶椭圆形，稀卵圆形，花枝上的叶先端钝，基部渐狭成柄状，全缘。花序头状或稍伸长；苞叶卵圆形，无柄，边缘在基部被少数缘毛；花梗密被向下弯的柔毛；花萼钟形，下部被疏柔毛，上唇齿三角形或狭三角形，被缘毛；花冠紫红色，长约 7 mm，外被短柔毛；里面茎部具白色柔毛，冠檐二唇形，上唇直立，先端微凹，下唇 3 裂，裂片近相等；雄蕊 4 个，稍伸出于冠外。小坚果近卵形，黑色。花果期 6—8 月。

分布： 我国新疆南部乌恰、北部广布。中亚也有。

生境： 山沟潮湿地或山顶阳坡。

利用价值： 观赏；保持水土。

（杨赵平　摄）

269 南疆新塔花 *Ziziphora pamiroalaica* Juz. ex Nevski（中国仅在乌恰有分布）

唇形科 Lamiaceae　新塔花属 *Ziziphora*

形态特征： 半灌木，极芳香。具粗壮、木质而曲折的根及木质、平卧的茎基。茎基分枝多，纤弱，通常曲折，被稍坚硬、疏散、短而下弯的毛，红色，节间常延长，植株上部更明显。叶长圆状卵圆形，两侧对折，被极小柔毛的柄，极全缘，在上部每边具 1～2 小齿，带灰色或暗绿色，被疏散或较密、短而小的毛；叶下面具明显腺点；苞叶与叶同形，较小，不超出花萼，常反折。花序头状，密集；花萼密被与萼宽近相等或稍长的柔软白色长毛。花冠玫红色，具有稍外伸的冠筒及宽大的冠檐；花药从冠筒长长地伸出，紫色。

分布： 我国新疆乌恰分布。吉尔吉斯斯坦也有。

生境： 砾石地上、河谷及峡谷斜坡。

利用价值： 观赏；保持水土。

（杨赵平　摄）

270　长腺小米草 *Euphrasia hirtella* Jord. ex Reut.（乌恰新记录）

列当科 Orobanchaceae　小米草属 *Euphrasia*

形态特征： 一年生草本，高达 40 cm。不分枝或上半部分枝，各部分有顶端为头状的长腺毛与其他毛混生。叶和苞叶无柄，卵形至圆形，基部楔形至圆钝，边缘具 2 至数对钝齿至渐尖的齿。花序仅有花数朵至多朵，花萼长 3～4 mm，裂片披针形至钻形；花冠白色或上唇淡紫色，背面长 4～8 mm。蒴果矩圆状，长 4～6 mm。花果期 6—8 月。

分布： 我国新疆乌恰、塔什库尔干、温宿、阿克苏、阿勒泰、昭苏有分布；黑龙江和吉林有分布。欧洲至朝鲜也有。

生境： 山地草甸、草原、林缘及针叶林中。

利用价值： 观赏；保持水土。

（杨赵平　摄）

271 疗齿草 *Odontites vulgaris* Moench（乌恰新记录）

列当科 Orobanchaceae　疗齿草属 *Odontites*

形态特征： 一年生草本，高达 60 cm。全株被贴伏而倒生的白色细硬毛。茎常在中上部分枝，上部四棱形。叶无柄，披针形，边缘疏生锯齿。穗状花序顶生；苞片下部的叶状；花萼果期多少增大，裂片狭三角形；花冠紫色、紫红色或淡红色，长 8～10 mm，外被白色柔毛。蒴果上部被细刚毛。种子椭圆形，长约 1.5 cm。花果期 7—8 月。

分布： 我国新疆乌恰、阿合奇、库车、布尔津、塔城、巩留、昭苏、尉犁有分布；甘肃、青海、宁夏、陕西、华北及东北西北部也有分布。欧洲至蒙古也有。

生境： 山地草原、河谷、灌丛及林缘。

利用价值： 地上部分可供药用，具有清热燥湿、凉血止痛的功效，用于治疗肝火头痛、胁痛、瘀血疼痛。

（杨赵平　摄）

272 美丽列当 *Orobanche amoena* C. A. Mey.

列当科 Orobanchaceae 列当属 *Orobanche*

形态特征：二年生或多年生寄生草本，高达 40 cm。叶卵状披针形，长 1 ～ 1.5 cm，连同苞片、花萼及花冠外面疏被短腺毛。花序穗状；苞片与叶同形；花萼后面裂达基部，前面裂至中下部或近基部，裂片 2 中裂；花冠裂片蓝紫色，筒部淡黄白色；上唇 2 浅裂，下唇长于上唇，3 裂，裂片间具褶，裂片均具不规则小圆齿；花丝上部被腺毛，基部密被长柔毛；柱头 2 裂，裂片近圆形。蒴果椭圆状长圆形，长 1 ～ 1.2 cm。种子表面具网状纹饰。花果期 5—8 月。

分布：我国新疆塔里木盆地、准噶尔盆地边缘、天山和帕米尔高原有分布。伊朗、阿富汗、巴基斯坦、喜马拉雅山西北部及中亚也有。

生境：寄生于蒿属植物根上，生于低山丘陵和山坡草原。

利用价值：观赏；保持水土。

（杨赵平 摄）

273 长根马先蒿 *Pedicularis dolichorrhiza* Schrenk（乌恰新记录）

列当科 Orobanchaceae　马先蒿属 *Pedicularis*

形态特征： 多年生草本，高达 1 m，稍有毛。根颈粗短，生有膜质鳞片，向下发出成丛、纺锤形的长根。茎单条或两三条，圆筒形而中空，直立，不分枝，有成行的白色短毛，在花序中较密。叶互生；基生叶成丛，至果期多枯死；叶片狭披针形，羽状全裂，叶缘有胼胝质凸头的锯齿。花序长穗状而疏，可达 20 cm 以上；下部苞片叶状，上部苞片三裂；萼有疏长毛，钟形，齿 5 枚，极短；花冠黄色，管长 13 ～ 16 mm，盔直立部分长 6 mm，向上增粗并向前镰状弓曲，形成含有雄蕊的部分，顶端渐尖、2 裂，裂片呈齿状；下唇约与盔等长，无缘毛，有褶襞两条，通向花喉，内面基部有毛；花丝着生处有疏毛。蒴果长 10 ～ 11 mm，熟时黑色。前端狭而略偏弯向前，具有凸尖。种子长卵形，有种阜，外面有明显的网纹。

分布： 我国新疆西北部。外天山、帕米尔阿拉套等地也有。

生境： 山地草原、河谷、林缘、灌丛。

利用价值： 观赏；保持水土。

（杨赵平　摄）

274 甘肃马先蒿 *Pedicularis kansuensis* Maxim.

列当科 Orobanchaceae　马先蒿属 *Pedicularis*

形态特征： 多年生草本，常 40 cm 以上。茎常多条自基部发出，中空，近方形，具 4 条成行之毛。基生叶常宿存，柄长达 25 mm，有密毛；茎叶柄较短，叶片长圆形，羽状全裂，裂片约 10 对，小裂片具少数锯齿，齿常有胼胝而反卷。花序长可达 25 cm 以上，花轮达 20 余轮，仅顶端较密；苞片下部叶状，上部亚掌状 3 裂而有锯齿；萼下有短梗，膨大而为亚球形；花冠粉紫色，长约 15 mm，管在基部以上向前膝曲，全部花冠几置于地平行的位置，其长为萼的两倍，下唇长于盔。花果期 6—8 月。

分布： 我国新疆乌恰、和静分布；甘肃、青海、四川、西藏有分布。

生境： 高山、亚高山草坡、砾石坡及田埂旁。

利用价值： 观赏；保持水土。

（杨赵平　摄）

275 小根马先蒿 *Pedicularis ludwigii* Regel

列当科 Orobanchaceae   马先蒿属 *Pedicularis*

形态特征： 一年生草本，直立，株高可达 12 cm。根细而纺锤形。茎单条或自根颈发出多条，有线纹，不分枝。无退化鳞片叶。叶自基部生长，下方两轮极靠近，其上两轮疏远，其余均生花；较大叶长 15 ～ 22 mm，宽 3 ～ 5 mm，羽状全裂。裂片 6 ～ 7 对，疏远，裂片有不规则的齿及胼胝质凸尖。花序穗状，长 18 ～ 30 mm，在所有茎顶同时开放，始稠密，后来基部间断；下部苞片叶状，基部几不膨大，上部苞片鞘状，狭卵形，膜质，与萼等长。花时萼长 7.5 mm，花后不膨大，近无柄，呈斜钟形；花萼有 5 主 5 次脉，脉上密被粗毛；萼齿 5 枚，后方 1 枚三角形、全缘，其余 4 枚三角形，基部全缘，中部两边有 1 ～ 2 凸齿。花冠长 20 mm，花冠管下部伸直，超过萼两倍以上，上部向前膝屈，喉部前方膨大。花丝着生于管端之下，较长的一对有毛。花药长圆形，灰褐色。子房卵圆形，花柱伸出花冠盔部顶端。

分布： 我国新疆天山。外天山至土耳其斯坦也有。

生境： 山地草原，灌丛、林带阳坡。

利用价值： 保持水土。

（杨赵平 摄）

276 欧亚马先蒿 *Pedicularis oederi* Vahl（乌恰新记录）

列当科 Orobanchaceae　马先蒿属 *Pedicularis*

形态特征： 多年生草本，高达 15 cm。根多数，多少纺锤形肉质。茎常为花葶状，大部长度均为花序所占，多少有绵毛；茎多基生，宿存成丛。叶线状披针形至线形，羽状全裂，芽中为拳卷，羽片垂直相叠而作鱼鳃状排列；茎生叶极少，与基叶同形。花序顶生，变化极多，离心开花；苞片近披针形，短于花或等长，全缘或上部有齿，常被绵毛；萼狭而圆筒形，主脉 5 条，齿 5 枚，宽披针形，几相等；花冠多二色，盔端紫黑色，其余黄白色；雄蕊花丝前方 1 对被毛，后方 1 对光滑。蒴果因花序离心，下部往往不实，长卵形至卵状披针形，两室强烈不等。种子灰色，有细网纹。花果期 6—8 月。

分布： 我国新疆乌恰、塔城、阿勒泰、奇台、阜康、乌鲁木齐、伊宁、特克斯有分布；西藏西部也有分布。欧洲南至阿尔卑斯山及亚洲南至喜马拉雅也有。

生境： 山地草原至亚高山、高山草甸、林缘。

利用价值： 含有丰富的人体必需的微量元素，具有较高的药用价值，是一种常用藏药，主治胃病和食物中毒。

（杨赵平　摄）

277 膀萼马先蒿 *Pedicularis physocalyx* Bunge（乌恰新记录）

列当科 Orobanchaceae 马先蒿属 *Pedicularis*

形态特征： 多年生草本，高达 20 cm，干时不变黑色。根茎短，发出许多细而肉质的须状根。茎常弯曲上升，密被褐色类似蛛丝状柔毛。叶多数，基生叶叶柄长为叶片的 1/2，近无毛，披针形；叶羽状深裂，顶端小裂片有锯齿；茎生之叶渐小，无柄。花序长圆形，被柔毛，果时伸长；花具短梗，稠密，下方常对生；苞片下方叶状；萼阔钟形，果期微膨大，近于草质，多网纹，薄被柔毛；花冠黄色，长 26～35 mm，外面无毛，管喉部多少被毛，管伸直，略与盔部等长，先端钩状弯曲，下缘斜截成喙状。

分布： 我国新疆乌恰、阿勒泰、塔城、裕民、伊宁有分布。欧洲顿河流域、西部西伯利亚南部及哈萨克斯坦也有。

生境： 山地草原及亚高山草甸。

利用价值： 观赏；保持水土。

（杨赵平　摄）

278 拟鼻花马先蒿 *Pedicularis rhinanthoides* Schrenk ex Fisch. & C. A. Mey.（乌恰新记录）

列当科 Orobanchaceae　马先蒿属 *Pedicularis*

形态特征： 多年生草本，高达 30 cm。根成丛，稍纺锤状，肉质。茎单出或自根颈发出多条，不分枝，几无毛。基生叶常成密丛，有长柄，叶片线状长圆形，羽状全裂，裂片 9 ～ 12 对。花成顶生的亚头状总状花序或多少伸长；苞片叶状；花梗短，无毛；萼卵形，管前方开裂至一半，上半部有密网纹，常有色斑；花冠玫瑰色，管几长于萼 1 倍，外面有毛，大部伸直，在近端处稍稍变粗而微向前弯，盔直立部分比管部粗，继管端而与其同指向前上方，上端多少作膝状屈曲向前成为含有雄蕊的部分。蒴果长于萼半倍，披针状卵形，有小凸尖。种子卵圆形，浅褐色。花果期 7—8 月。

分布： 我国新疆乌恰、塔什库尔干、塔城、昭苏、尼勒克有分布。巴基斯坦北部、中亚至蒙古也有。

生境： 山地草原及亚高山草甸。

利用价值： 主治寒热；观赏；保持水土。

（杨赵平、李攀　摄）

279 喜马拉雅沙参 *Adenophora himalayana* Feer

桔梗科 Campanulaceae　沙参属 *Adenophora*

形态特征: 多年生草本,高达 60 cm。茎不分枝,无毛。基生叶心形或近于三角形、卵形,边缘具锯齿;叶柄等于叶片;茎生叶卵状披针形,狭椭圆形至条形,无柄或有时茎下部的叶具短柄,全缘至疏生不规则尖锯齿,无毛。单花顶生或数朵花排成假总状花序,决不成圆锥花序;花萼无毛,筒部倒圆锥状或倒卵状圆锥形,裂片钻形;花冠蓝色或蓝紫色,钟状,裂片卵状三角形;花盘粗筒状,3～8 mm;花柱与花冠近等长或略伸出花冠。蒴果卵状矩圆形。花果期 6—9 月。

分布: 我国新疆天山、帕米尔高原、阿尔泰山和准噶尔西部山地有分布。外天山、塔尔巴哈台山也有。

生境: 山坡、山沟草地、灌丛下、林下、林缘或石缝中。

利用价值: 根入药,清热养阴,润肺止咳;观赏;保持水土。

（杨赵平 摄）

280 聚花风铃草 *Campanula glomerata* subsp. *speciosa* (Hornem. ex Spreng.) Domin（乌恰新记录）

桔梗科 Campanulaceae　风铃草属 *Campanula*

形态特征: 多年生草本，高达 80 cm。基生叶具长柄，长卵形至心状卵形；茎生叶下部具长柄，上部无柄，边缘具尖锯齿。花数朵集成头状花序，生于茎中上部叶腋间，无总梗，亦无花梗，在茎顶端，由于节间缩短，多个头状花序集成复头状花序，越向茎顶，越短而宽，最后成为卵圆状三角形的总苞状，每朵花有 1 枚大小不等的苞片，中间的花先开，苞片最小；花萼裂片钻形；花冠紫色至蓝紫色，管状钟形，分裂至中部，花柱伸出于花管外。蒴果倒卵状圆锥形。种子长矩圆状。花果期 6—8 月。

分布: 我国新疆南部乌恰、和静、北部山区广布；东北和内蒙古东北部有分布。蒙古东部、朝鲜、日本、俄罗斯及西伯利亚也有。

生境: 草地及灌丛。

利用价值: 全草可入药，具有清热解毒、止痛的功效；观赏；保持水土。

（杨赵平　摄）

281 黄花蒿 *Artemisia annua* L.（乌恰新记录）

菊科 Asteraceae　蒿属 *Artemisia*

形态特征：一年生草本，高达 100 m。植株有浓烈的挥发性香气。根单生，垂直，狭纺锤形。茎单生，有纵棱，幼时绿色，后变褐色或红褐色，多分枝。叶纸质，绿色；茎下部叶宽卵形或三角状卵形，3～4回栉齿状羽状深裂；中部叶和上部叶与苞片与下部叶同型，但叶片分裂回数减少，近无柄。头状花序球形，多数，有短梗，下垂或倾斜，在分枝上排成总状或复总状花序，并在茎上组成圆锥花序；花深黄色，花冠狭管状；两性花 10～30，花冠管状。瘦果小，椭圆状卵形，略扁。花果期 8—11 月。

分布：我国新疆除昆仑山和阿尔金山外的其他山区广布；各山区广布。欧洲、亚洲、北美洲也有。

生境：农田、山坡、荒地及路边。

利用价值：治各种类型疟疾，具速效、低毒的优点；保持水土。

（杨赵平　摄）

282 龙蒿 *Artemisia dracunculus* L.

菊科 Asteraceae　蒿属 *Artemisia*

形态特征: 半灌木状草本，高达 1 m。根状茎粗，木质，常有短的地下茎。茎多数，有纵棱，分枝多。叶无柄，两面无毛或近无毛；中部叶线状披针形，全缘；上部叶与苞片叶略短小。头状花序多数，近球形，基部有线形小苞叶，分枝上排成复总状花序；总苞片 3 层，外层总苞片略狭小，卵形，背面绿色，无毛；中、内层总苞片卵圆形，边缘宽膜质或全为膜质；雌花6 ～ 10，花冠狭管状，檐部具 2 ～ 3 裂齿，花柱伸出花冠外；两性花 8 ～ 14，不孕育，花冠管状。瘦果倒卵形或椭圆状倒卵形。花果期 7—10 月。

分布: 我国新疆广布；西北、华北、东北有分布。蒙古、阿富汗、印度、巴基斯坦、西伯利亚、欧洲、北美洲也有。

生境: 山坡、草地、林缘及湖边。

利用价值: 治暑湿发热、虚劳等；根有辣味，可作为调味品、牲畜饲料；工业用；保持水土。

（杨赵平　摄）

283 大花蒿 *Artemisia macrocephala* Jacquem. ex Besser（乌恰新记录）

菊科 Asteraceae　蒿属 *Artemisia*

形态特征： 一年生草本，高达 20 cm。主根单一。茎单生，疏被灰白色微柔毛。叶两面被灰白色短柔毛；下部与中部叶宽卵形或圆卵形，二回羽状全裂，小裂片狭线形，基部有小型羽状分裂的假托叶；上部叶与苞片 3 全裂或不裂，无柄。头状花序近球形，有短梗，下垂，茎上排成疏松的总状花序；总苞片 3 ～ 4 层，内、外层近等长或内层总苞片略长，外层与中层总苞片草质，边缘宽膜质，内层膜质；雌花 2 ～ 3 层，40 ～ 70 花，花柱伸出花冠外；两性花多层，80 ～ 100 余花，中央数轮不孕育。瘦果长卵圆形。花果期 8—10 月。

分布： 我国新疆广布；西北和西藏有分布。蒙古、伊朗、阿富汗、巴基斯坦、印度、中亚、西伯利亚也有。

生境： 山地、荒漠及森林草原。

利用价值： 兽药；优良饲草；保持水土。

（杨赵平　摄）

284 香叶蒿 *Artemisia rutifolia* Stephen ex Spreng.

菊科 Asteraceae　蒿属 *Artemisia*

形态特征: 半灌木状草本，高达 80 cm，植株有浓烈香气。根和根状茎木质。茎多数，成丛，幼时被灰白色平贴的丝状短柔毛，老时渐脱落。叶两面被灰白色平贴的丝状短柔毛，茎下部与中部叶近半圆形或肾形，二回三出全裂或二回近于掌状式的羽状全裂；上部叶与苞片近掌状羽状全裂。头状花序半球形或近球形，茎上半部排成总状或复总状花序；总苞片 3 ~ 4 层；雌花 5 ~ 10；花冠狭圆锥状或狭管状，两性花花冠管状，花药线形或倒披针形；花柱与花冠等长或略长于花冠。瘦果椭圆状倒卵形。花果期 7—10 月。

分布: 我国新疆南部克州地区和塔什库尔干、北部广布；青海和西藏有分布。蒙古、阿富汗、伊朗、巴基斯坦、中亚、西伯利亚也有。

生境: 生于中高海拔干山坡、干河谷、山间盆地、森林草原、草原及半荒漠草原地区。

利用价值: 优良饲草；保持水土。

（杨赵平　摄）

285 弯茎假苦菜 *Askellia flexuosa* (Ledeb.) W.A.Weber

菊科 Asteraceae　假苦菜属 *Askellia*

形态特征： 多年生草本；高达 30 cm，植株无毛，蓝灰色。茎自基部分枝。基生叶与下部茎生叶倒披针形或倒卵形，大头羽状裂或羽状深裂，叶柄等长于叶片或较短，中部茎生叶条状披针形，无明显的叶柄，不裂，向上更小。头状花序排列成聚伞房状，花序梗纤细；总苞狭圆柱状，外层短，内层长；舌状花黄色，干时略带紫红色，舌片顶端有 5 齿，玫瑰红或粉红色。瘦果柱状纺锤形，长 4～6 mm，淡黄褐色，有 10 条纵肋，前端有长不及 1 mm 的细喙部。冠毛白色，长 4～5.5 mm。花果期 6—8 月。

分布： 我国新疆广布；西北、内蒙古、山西和西藏也有分布。中亚、蒙古也有。

生境： 山坡、河滩草地、卵石地、冰川河滩地、水边沼泽地。

利用价值： 治疗感冒、咳嗽、支气管炎等；观赏；保持水土。

（杨赵平　摄）

286 乌恰假苦菜 *Askellia karelinii* (Popov & Schischk. ex Czerep.) W. A. Weber

菊科 Asteraceae 假苦菜属 *Askellia*

形态特征： 多年生草本；高达 10 cm，全株无毛。茎纤细，自中部或上部分枝。基生叶及下部茎叶椭圆状，基部逐渐收窄成细柄；叶柄等于或短于叶片，边缘有锯齿；中部茎叶倒披针形，无柄，边缘有锯齿；上部叶更小，线形或线钻形。头状花序少数，在茎枝顶端排成伞房花序；总苞圆柱状，2 层，外层短，不等长，长为内层的 1/8 ～ 1/5，内层等长，线状长椭圆形或长倒披针形；舌状小花黄色。瘦果纺锤形，淡黄色，有 10 条等粗纵肋。冠毛黄白色，长 6 ～ 9 mm，宿存。花果期 6—8 月。

分布： 我国新疆乌恰、霍城、皮山及和田有分布。中亚、西伯利亚也有。

生境： 砾石地及河滩地。

利用价值： 保持水土。

（杨赵平　摄）

287 高山紫菀 *Aster alpinus* L.（乌恰新记录）

菊科 Asteraceae　紫菀属 *Aster*

形态特征： 多年生草本，高达 35 cm。根状茎粗壮，莲座状叶丛。茎不分枝，基部被枯叶残片，被密或疏毛。下部叶在花期生存，匙状或线状长圆形，渐狭成具翅的柄，全缘；中部叶长圆披针形或近线形，无柄；上部叶狭小，直立或稍开展；全部叶被柔毛。头状花序在茎端单生；总苞半球形；总苞片 2～3 层，等长或外层稍短，上部或外层全部草质，下面近革质，内层边缘膜质，边缘常紫红色；舌状花 35～40 个，舌片紫色至浅红色；管状花冠黄色。冠毛白色。瘦果长圆形，褐色，被密绢毛。花果期 6—9 月。

分布： 我国新疆广布；河北、山西及东北各地有分布。亚洲北部至欧洲也有。

生境： 亚高山草甸、草原及山地。

利用价值： 中等牧草；其味微苦，性寒，有清热解毒的功效；用于花坛、花境的绿化。

（李攀 摄）

288 异苞高山紫菀 *Aster alpinus* var. *diversisquamus* Y. Ling（乌恰新记录）

菊科 Asteraceae　紫菀属 *Aster*

形态特征：多年生草本，高达 25 cm。根状茎粗壮，有丛生的茎和莲座状叶丛。茎不分枝，基部被枯叶残片，被密或疏毛，下部有密集的叶；下部叶在花期生存，长圆状匙形，渐狭成具翅的柄，顶端圆形或稍尖；全部叶被柔毛，或稍有腺点；中脉及三出脉在下面稍凸起。头状花序在茎端单生；总苞半球形；总苞片 2～3 层，长圆状匙形，不等长，外层长为内层的 3/4。舌状花 35～40 个，紫色至浅红色；管状花花冠黄色。瘦果长圆形，被密绢毛。花果期 6—9 月。

分布：我国新疆乌恰、塔什库尔干、和静、哈巴河、布尔津、精河、和布克赛尔、塔城、伊吾有分布。

生境：草甸。

利用价值：中等牧草；味微苦，性寒，具有清热解毒的功效；用于花坛、花境的绿化。

（杨赵平　摄）

289 沙生岩菀 *Aster eremophilus* Bunge（乌恰新记录）

菊科 Asteraceae　紫菀属 *Aster*

形态特征： 多年生草本，高达 10 cm。根状茎粗壮，木质。自根状茎上端长出数个高 3～10 cm 的花茎，不分枝。基部叶多数，莲座状，长圆状倒卵形或长圆状倒披针形，两面被密弯短糙毛；花茎上的叶少数，狭长圆形或近线形，无柄。头状花序单生于花茎顶端；总苞近半球形，3 层，边缘膜质，外层较短；全部总苞片具 1 条脉；雌花花冠舌状，淡紫色，花后常螺状外卷；两性花管状，黄色，檐部钟状。瘦果长圆形，基部具 1 明显的环，被密长伏毛。冠毛 2 层，外层较短内层糙毛状。花果期 5—9 月。

分布： 我国新疆乌恰、和硕、和静、阿勒泰有分布。西伯利亚、蒙古、中亚至叙利亚北部。

生境： 海拔 1800 m 以上山谷、河滩卵石上或山坡石缝中。

利用价值： 保持水土。

（杨赵平　摄）

290 萎软紫菀 *Aster flaccidus* Bunge（乌恰新记录）

菊科 Asteraceae　紫菀属 *Aster*

形态特征： 多年生草本，高达 30 cm。根状茎细长。茎不分枝，被皱曲或开展的长毛，上部常杂有具柄腺毛。基部叶密集成莲座状，叶匙形或长圆状匙形，下部渐狭成短或长柄；茎部叶 3～5 个，常半抱茎，上部叶小。头状花序单生茎端；总苞半球形，被白色或深色长毛或有腺毛；总苞片 2 层，外层线状披针形，近等长，草质，绿色或红紫色，条形；舌状花 40～60 个，紫色；管状花黄色，被短毛；冠毛白色，外层披针形，膜片状，内层具糙毛。瘦果长圆形，黄色或淡棕色。花果期 6—11 月。

分布： 我国新疆广布；西北、华北、四川、云南及西藏有分布。巴基斯坦、印度、尼泊尔、中亚、蒙古、西伯利亚也有。

生境： 高山草甸、山坡和砾石滩。

利用价值： 全草入药，清热解毒；观赏；保持水土。

（杨赵平、李攀 摄）

291 隐舌灌木紫菀木 *Asterothamnus fruticosus* f. *discoideus* Novopokr

菊科 Asteraceae 紫菀木属 *Asterothamnus*

形态特征： 半灌木，高达 70 cm。茎呈帚状分枝。叶较密集、线形、无柄、边缘反卷，两面被蛛丝状短绒毛，上部叶渐小。头状花序较大，在茎枝端排列成疏伞房花序，花序梗细长，常具线形小叶；总苞片 3 层，覆瓦状，外层和中层较小，卵状披针形，内层长圆形，顶端全部长渐尖，背面被疏蛛丝状短绒毛，边缘白色宽膜质，具 1 条绿色或暗绿色的中脉；无舌状花，中央的两性花 15～18 个，花冠管状；瘦果长圆形，基部具小环，被白色长伏毛。冠毛白色，糙毛状，与花冠等长。花果期 7—9 月。中国植物志中指出灌木紫菀木有 1 个常见的无舌状花变型。本团队在乌恰见该变型在乌恰荒漠区广泛分布，以下图片应该就是此变型。

分布： 我国新疆东部和塔里木盆地广布。中亚地区也有。

生境： 荒漠草原及砾石戈壁。

利用价值： 饲用，中等牧草。

（杨赵平 摄）

292 沙地粉苞菊 *Chondrilla ambigua* Fisch. ex Kar. & Kir.（乌恰新记录）

菊科 Asteraceae　粉苞菊属 *Chondrilla*

形态特征： 多年生草本，高达 100 cm。全株无毛，下部有时淡紫色，自基部以上分枝。下部茎叶线状披针形或披针形，边缘全缘或有个别锯齿；中部及上部茎叶线状丝形或丝形。头状花序果期长 13 ～ 18 mm，含 5 枚舌状小花；外层总苞片小，卵状披针形；内层总苞片长椭圆状线形，5 枚，外面无毛或被蛛丝状短柔毛；舌状花黄色，5 枚，长达 15 mm。瘦果上部无鳞片状突起及冠鳞，顶端无喙或有丘状粗短的喙。冠毛白色。花果期 5—9 月。

分布： 我国新疆乌恰、皮山、哈巴河、布尔津、奇台、阜康、鄯善有分布。西西伯利亚、中亚、欧洲的东南也有。

生境： 流动、半固定沙丘。

利用价值： 观赏；保持水土。

（杨赵平　摄）

293 短喙粉苞菊 *Chondrilla brevirostris* Fisch. & C. A. Mey.

菊科 Asteraceae　粉苞菊属 *Chondrilla*

形态特征： 多年生草本，高达 100 cm。茎下部被稠密或稀疏的硬毛，自基部或基部以上分枝。基生叶莲座状，长椭圆形，浅裂或倒向羽裂；下部茎叶线形；中部及上部茎叶狭线形至披针形。头状花序单生枝端，花序梗密被黄白色绒毛；总苞粗柱状，长约 8 mm，外层总苞片卵状长圆形或三角状长圆形，内层 7～8，长圆状披针形，中脉清楚，边缘白色膜质；舌状花黄色。瘦果长椭圆形，长 4～5 mm，上部有 1～2 列宽而短的鳞片状或瘤状突起，顶端扩大，无关节。冠毛白色，长 5～10 mm。花果期 6—9 月。

分布： 我国新疆乌恰、乌鲁木齐、克拉玛依、精河、巩留分布。俄罗斯欧洲部分及西西伯利亚、哈萨克斯坦也有。

生境： 生于海拔 1300 m 的荒漠草原及森林草地。

利用价值： 观赏；保持水土。

（杨赵平　摄）

294 粉苞菊 *Chondrilla piptocoma* Fisch. C. A. Mey.

菊科 Asteraceae   粉苞菊属 *Chondrilla*

形态特征: 多年生草本, 高达 80 cm。茎下部淡红色, 木质化。下部茎叶长椭圆状倒卵形或长椭圆状倒披针形; 中部与上部茎叶线状丝形至狭线形。头状花序单生枝端; 外层总苞片卵形, 卵状长圆形或卵状三角形, 长 1～1.5 mm, 小, 内层总苞片 8～9 枚, 披条形, 顶端渐尖, 中脉清楚, 边缘淡白色膜质, 被毛同茎, 淡绿色; 舌状小花, 9～12 枚, 黄色, 前端 5 齿裂。瘦果狭圆柱状, 无突起或近顶端有少量的瘤或鳞片, 齿冠鳞片 5, 3 裂; 喙长 0.5～1.5 mm, 有关节, 关节高于齿冠, 先端头状变大。冠毛白色, 长 6～8 mm。花果期 6—9 月。

分布: 我国乌恰、阿克陶、塔什库尔干、英吉沙、乌鲁木齐、塔城、温泉、察布查尔、哈密、鄯善分布。中亚和西伯利亚也有。

生境: 河漫滩砾石地带。

利用价值: 观赏; 保持水土。

（杨赵平　摄）

295 丝路蓟 *Cirsium arvense* (L.) Scop.（乌恰新记录）

菊科 Asteraceae　蓟属 *Cirsium*

形态特征：多年生草本，高达 160 cm。根直伸。茎上部分枝，无毛或接头状花序下部有稀疏蛛丝毛。下部茎叶羽状浅裂或半裂，基部渐狭；中部及上部茎叶渐小，与下部茎叶同形或长椭圆形并等样分裂；全部叶两面同色，绿色或下面叶淡。头状花序较多数在茎枝顶端排成圆锥状伞房花序；总苞卵形或卵状长圆形；总苞片约 5 层，覆瓦状排列，向内层渐长，外层及中层卵形，内层及最内层椭圆状披针形至宽线形；小花紫红色，檐部 5 裂几达基部。瘦果几圆柱形，顶端截形。花果期 6—9 月。

分布：我国新疆广布；甘肃河西走廊、青海和西藏分布。欧洲、俄罗斯、中亚地区也有。

生境：荒漠戈壁、沙地、荒地、河滩、水边、路旁、田间以及砾石山坡等。

利用价值：观赏；保持水土。

（杨赵平　摄）

296 藏蓟 *Cirsium arvense* var. *alpestre* Nägeli

菊科 Asteraceae　蓟属 *Cirsium*

形态特征: 多年生草本，高达 80 cm。茎自部分枝，枝灰白色。下部茎叶长椭圆形，羽状浅裂或半裂，无柄或具短柄；中部侧裂片稍大，全部侧裂片边缘具长硬针刺或刺齿，齿顶有长硬针刺；叶质厚，上面绿色，无毛，下面灰白色，被密厚的绒毛。头状花序多数在茎枝顶端排成伞房花序；总苞卵形或卵状长圆形，无毛；总苞片约 7 层，覆瓦状排列，外层和中层顶端具针刺，内层总苞片披针形至线形，顶端膜质渐尖，无针刺；小花紫红色，花檐部 5 裂几达基部。瘦果楔状。花果期 6—9 月。

分布: 我国新疆广布；甘肃河西走廊西部、青海柴达木盆地和西藏有分布。印度也有。

生境: 海拔 500 ～ 4300 m 的山坡草地、潮湿地、湖滨地或村旁及路旁。

利用价值: 观赏；保持水土。

（杨赵平　摄）

297 莲座蓟 *Cirsium esculentum* (Siev.) C. A. Mey.

菊科 Asteraceae　蓟属 *Cirsium*

形态特征： 多年生草本，高达 22 cm。具多数不定根。基生叶形成莲座状叶丛；披针形或椭圆形，羽状半裂至几全裂；基部渐狭成有翼的叶柄，柄翼边缘有针刺或 3～5 个针刺组合成束；侧裂片边缘有三角形刺齿及针刺；叶两面或沿脉被稠密或稀疏的多细胞长节毛。头状花序 5～12 个集生于茎基顶端；总苞钟状，约 6 层，覆瓦状排列，向内渐长，由外向内长三角形至线状披针形或线形，顶端膜质渐尖；苞片均无毛。小花紫色至紫红色，檐部不等 5 浅裂。瘦果淡黄色，压扁。花果期 8—9 月。

分布： 我国新疆广布；东北和内蒙古有分布。俄罗斯、中亚和蒙古也有。

生境： 平原、山地潮湿地或水边。

利用价值： 根入药，排脓止血、止咳消痰，主治肺脓肿、支气管炎、疮痈肿毒、皮肤病；保持水土。

（杨赵平　摄）

298 赛里木蓟 *Cirsium sairamense* (C. Winkl.) O. Fedtsch. & B. Fedtsch. （乌恰新记录）

菊科 Asteraceae　蓟属 *Cirsium*

形态特征： 多年生草本，高达 60 cm。茎多分枝，被稀疏蛛丝毛及多细胞长节毛。中下部茎生叶长椭圆形，羽状半裂或深裂；侧裂片边缘具三角形刺齿及针刺，齿顶有针刺，向上的叶渐小；茎生叶上面绿色，下面淡灰绿色，被蛛丝状薄毛，基部耳状扩大半抱茎；接头状花序的叶苞片状，边缘锯齿针刺化。头状花序在茎枝顶端排成伞房状圆锥花序；总苞卵球形，7～8 层，覆瓦状排列，向内渐短，钻状三角形至披针形，顶端膜质渐尖；小花紫色，檐部不等 5 浅裂。花果期 7—9 月。

分布： 我国新疆乌恰、乌鲁木齐、沙湾、博乐有分布。哈萨克斯坦、吉尔吉斯斯坦也有。

生境： 山地草甸、山谷、山坡、水边和路旁。

利用价值： 观赏；保持水土。

（杨赵平　摄）

298

299 丛生刺头菊 *Cousinia caespitosa* C. Winkl.（中国仅在乌恰有分布）

菊科 Asteraceae　刺头菊属 *Cousinia*

形态特征： 多年生草本，高达 20 cm。茎簇生，不分枝，被蛛丝毛。基生叶长椭圆形，羽状全裂，具窄翼状叶柄；茎生叶少数，小，与基生叶同形，两面均灰绿色，被蛛丝毛。头状花序单生茎端；总苞碗状，疏被蛛丝毛；总苞片 5 层，内层渐长，中外层长三角形，先端渐尖或具针刺，内层宽线形，先端渐尖；苞片背面紫红色，托毛边缘糙毛状；小花紫红色，花冠长达 1.2 cm，细管部长 9 mm。瘦果褐色，倒披针形。

分布： 我国新疆乌恰有分布。哈萨克斯坦、吉尔吉斯斯坦、塔吉克斯坦也有。

生境： 高山砾石山坡。

利用价值： 观赏；保持水土。

（杨赵平　摄）

300 硬苞刺头菊 *Cousinia sclerolepis* C. Shih（乌恰特有种）

菊科 Asteraceae　刺头菊属 *Cousinia*

形态特征： 二年生草本，高达 50 cm。茎簇生，不分枝，紫红色，被稠密的蛛丝状卷毛。基生叶长椭圆形，羽状深裂或半裂；侧裂片边缘有大小不等的刺齿，齿顶有长针刺，刺缘有短针刺；中下部茎叶与基生叶同形，但无叶柄，向上叶渐小；叶质地薄，两面被薄蛛丝毛。头状花序单生茎顶；总苞宽钟状，被膨松蛛丝状毛；总苞片 6～7 层，绿色，由外向内革质至硬膜质，钻状长椭圆形至倒披针形或宽线形；中外层苞片背面有 1 条高起的棱脊，上部渐尖成硬针刺；小花紫红色。瘦果偏斜倒卵形。花果期 7—9 月。

分布： 我国新疆乌恰。

生境： 山沟和山坡。

利用价值： 观赏；保持水土。

（杨赵平 摄）

301 阿尔泰多榔菊 *Doronicum altaicum* Pall.（乌恰新记录）

菊科 Asteraceae　多榔菊属 *Doronicum*

形态特征：多年生草本，高达 80 cm。根状茎粗壮，横走或斜升。茎不分枝，下部无毛，上部密被腺毛，头状花序下部更密。全株具叶，叶无毛；基生叶卵形或倒卵状长圆形，基部狭成长柄，通常凋落；其余茎叶宽卵形，基部宽心形，抱茎。头状花序单生于茎端，连同舌状花径 4～6 cm；总苞半球形，总苞片等长，外层长圆状披针形或披针形，基部密被腺毛；内层线状披针形。瘦果圆柱形，黄褐色或深褐色，全部小花有冠毛；冠毛白色或基部红褐色。花果期6—8月。

分布：我国新疆乌恰、富蕴、昭苏、阿尔泰、沙湾有分布；西北、内蒙古、四川、云南也有。蒙古、西伯利亚、中亚也有。

生境：山地草原、草甸、林缘。

利用价值：观赏；保持水土。

（杨赵平、李攀　摄）

302 丝毛蓝刺头 *Echinops nanus* Bunge

菊科 Asteraceae 蓝刺头属 *Echinops*

形态特征: 一年生草本,高达 16 cm。根直伸。茎枝白色或灰白色,密被蛛丝状绵毛。叶倒披针形至线状倒披针形,羽状半裂至不裂;两面灰白色,被稠密的或密厚的蛛丝状绵毛,下部更密。复头状花序单生茎枝顶端,径达 3 cm;头状花序长约 1.3 cm,基毛白色,糙毛状,不等长,长不到总苞的一半;总苞片 12 ~ 14,分离;外层和中层总苞片沿下部边缘有糙毛状缘毛,外面上部密被短糙毛,内层总苞片顶端芒刺分裂,外面密被蛛丝状柔毛;小花蓝色。瘦果倒圆锥形。花果期 6—7 月。

分布: 我国新疆广布。哈萨克斯坦、吉尔吉斯斯坦、塔吉克斯坦、蒙古也有。

生境: 荒漠的沙地、砾石地、前山和低山山坡。

利用价值: 观赏;保持水土。

（李攀 摄）

303 毛苞飞蓬 *Erigeron lachnocephalus* Botsch.（乌恰新记录）

菊科 Asteraceae　飞蓬属 *Erigeron*

形态特征： 多年生草本，高达 15 cm。根状茎有分枝，颈部被褐色残存的叶基部，具纤维状根。茎数个，稀单生。叶全缘，绿色或浅灰色；基部叶密集，花期生存，倒披针形；下部叶与基部叶同形；中部和上部叶披针形，无柄。头状花序单生于茎端，有时具 2 个；总苞半球形，总苞片 3 层，等长或超出花盘，线状披针形，顶端或全部紫色；外围的雌花舌状，2～3 层，舌片淡紫红色，不开展；中央的两性花管状，淡黄色；瘦果狭长圆形。花果期 6—8 月。

分布： 我国新疆乌恰、哈马河、布尔津、福海、北屯、托里、乌鲁木齐、博格达山分布。中亚地区也有。

生境： 高山及亚高山草地、多石山坡。

利用价值： 观赏；保持水土。

（杨赵平　摄）

304 羊眼花 *Inula rhizocephala* Schrenk

菊科 Asteraceae   旋覆花属 *Inula*

形态特征： 多年生草本，无茎。叶多数密集于根颈上，开展成莲座状；外层叶较大，有不明显波状齿，两面被疏细毛，下面沿凸起的中脉密生白色附贴长节毛并有散生腺毛；内层叶较小。头状花序 8～20 个，密集成半球状较叶为短的团伞花序，无总花序梗；总苞半球形；总苞片多层，外层线状披针形，被密毛，上端外折；内层线形，较狭，膜片状，顶端紫色，有短缘毛；舌状花黄色，比总苞片稍长，无毛；舌片有 3 浅齿，与冠毛等长；冠毛红褐色，有多数微糙毛。瘦果圆柱形。花果期 6—8 月。

分布： 我国新疆乌恰、阿勒泰、和布克赛尔、裕民、精河、霍城、昭苏有分布。中亚、阿富汗、伊朗也有。

生境： 针叶林下、草甸、泛滥地灌木丛。

利用价值： 花序可入药，具有理气止痛、开胃驱虫的关系；保持水土。

（杨赵平、李攀　摄）

305 矮小苓菊 *Jurinea algida* Iljin

菊科 Asteraceae 苓菊属 *Jurinea*

形态特征： 多年生草本，高达 10 cm。根颈被残存的褐色柄鞘。叶质上面绿色，被稀疏的蛛丝状柔毛和黄色小腺点，下面灰白色，密被绒毛；基生叶成莲座状，柄长达 2.5 cm，叶片长椭圆形或倒披针形，不分裂或羽状或大头羽状深裂，侧裂片 2 ～ 3 对。头状花序单生花葶顶端；总苞碗状；总苞片 3 ～ 4 层，外层总苞片披针形，先端芒针状渐尖，中层总苞片长椭圆形，内层总苞片宽线形；小花紫红色，外面被稀疏的腺点。瘦果长椭圆形，上部有稀疏的刺瘤。花果期 7—8 月。

分布： 我国仅新疆乌恰有分布。哈萨克斯坦、吉尔吉斯斯坦、塔吉克斯坦也有。

生境： 高山和亚高山砾石质山坡。

利用价值： 保持水土。

（杨赵平　摄）

306 刺果苓菊 *Jurinea chaetocarpa* Ledeb.（乌恰新记录）

菊科 Asteraceae 苓菊属 *Jurinea*

形态特征： 多年生草本，高达 45 cm。根颈被褐色残存叶柄和叶腋中的团状绵毛。茎单一或少分枝，茎叶被蛛丝状柔毛。基生叶成莲座状，有长达 5 cm 的叶柄，叶腋内有密集成团状的白色绵毛，叶片长椭圆形，羽状深裂；茎生叶无或少数，线形或钻形，全缘，无柄。头状花序单生茎枝顶端，被蛛丝状柔毛；总苞片 4 ～ 5 层，外层和中层总苞片披针形，顶端成针刺状，内层总苞片线状披针形；小花红紫色或淡紫红色。瘦果长圆状楔形，密被刺毛状的小瘤。花果期5—8 月。

分布： 我国新疆乌恰、阿勒泰、布尔津、伊宁、新源、奇台有分布。哈萨克斯坦、蒙古西部也有。

生境： 砾石戈壁、沙地、沙丘和冲沟边。

利用价值： 保持水土。

（杨赵平 摄）

307 南疆苓菊 *Jurinea kaschgarica* Iljin

菊科 Asteraceae 苓菊属 *Jurinea*

形态特征：多年生草本，高达 18 cm。根颈分叉，密被残存的叶柄。茎基部丛生，直立或斜升，不分枝，被蛛丝状柔毛和腺点。叶厚革质，上、下面分别稀、密被绒毛；基生叶莲座状，叶腋有白色团状绵毛，叶片线状长椭圆形，羽状浅裂或缺刻状齿裂；茎生叶少数，叶腋无白色团状绵毛。头状花序单生于茎端；总苞碗状，被稀疏的蛛丝状柔毛；总苞片 4～5 层；外层苞片三角状披针形或披针形，有芒状刺；中层总苞片披针形，内层总苞片线形；小花红紫色，细管部短于檐部。瘦果倒圆锥形，褐色。花果期 6—8 月。

分布：我国新疆乌恰、喀什有分布。

生境：石砾山沟及水旁。

利用价值：保持水土。

（杨赵平　摄）

308 歪斜麻花头 *Klasea procumbens* (Regel) Holub

菊科 Asteraceae　麻花头属 *Klasea*

形态特征: 多年生匍匐草本。根状茎长，全株无毛。叶质地坚硬，上面有光泽，基生叶及下部茎叶长椭圆形、披针状长椭圆形至披针形，基部楔形；上部茎叶或接头状花序下部的叶宽线形。头状花序中等大，常单一，生于茎端；总苞碗状，总苞片约8层，外层总苞片卵状三角形，长3 mm；中层总苞片卵形或长卵形，长6～10 mm；中外层总苞片顶端急尖，有长近2 mm的针刺，内层总苞片披针形至线形；全部小花两性，花冠紫红色。瘦果椭圆状。花果期6—8月。

分布: 我国新疆乌恰、阿克陶、塔什库尔干、巩留分布。中亚也有。

生境: 砾石质山坡、砾石河滩、沙滩。

利用价值: 观赏；保持水土。

（杨赵平　摄）

309 乳苣 *Lactuca tatarica* (L.) C. A. Mey.

菊科 Asteraceae　莴苣属 *Lactuca*

形态特征: 多年生草本; 高达 100 cm。茎有细条棱或条纹, 光滑无毛。中下部茎叶长椭圆形, 基部渐狭成短柄, 羽状浅裂或半裂或边缘有大锯齿, 中部侧裂片较大; 向上的叶与中部茎叶同形, 渐小; 叶质地稍厚, 两面光滑无毛。头状花序约含 20 枚小花, 多数, 在茎枝顶端狭或宽圆锥花序; 总苞钟状; 总苞片 4 层, 无毛, 带紫红色, 覆瓦状排列, 中外层较小, 卵形, 内层披针形, 舌状花紫色或紫蓝色, 管部有白色短柔毛。瘦果长圆状披针形, 灰黑色。花果期 5—9 月。

分布: 我国新疆广布; 东北、华北、西北各省区及河南、西藏有分布。中亚、西伯利亚、蒙古、伊朗、印度、欧洲也有。

生境: 河滩、湖边、草甸、田边、固定沙丘或砾石地。

利用价值: 有清热、解毒、活血、排脓之功效; 食用; 饲用; 保持水土。

（杨赵平　摄）

310　山野火绒草　*Leontopodium campestre* (Ledeb.) Hand.-Mazz.

菊科 Asteraceae　火绒草属 *Leontopodium*

形态特征： 多年生草本，高达 35 cm。根状茎细长，被密集的褐色枯叶鞘。具不育叶丛，花枝不分枝，被灰白色或白色蛛丝状绒毛。基生叶与不育枝叶同形，下部叶具细长柄并在基部形成叶鞘；中下部茎生叶舌状或披针状线形，叶两面被蛛丝状毛呈结合絮状绒毛而呈灰白色；苞叶多数，密被白色或灰白色绒毛，开展成密集的苞叶群，径可达 3.5 cm。头状花序多数，密集；总苞片约 3 层，顶端撕裂，多黑色；小花异形，中央有少数雌花或雌雄异株。瘦果无毛或有乳头状突起。花果期 8—9 月。

分布： 我国新疆广布；青海和西藏有分布。西伯利亚、蒙古、中亚也有。

生境： 森林带和草原带的干旱草原、坡地、河谷阶地、砾石地、林间空地。

利用价值： 花序入药，理气止痛，开胃驱虫；保持水土。

（杨赵平　摄）

311 弱小火绒草 *Leontopodium pusillum* (Beauvend) Hand.-Mazz.

菊科 Asteraceae　火绒草属 *Leontopodium*

形态特征： 多年生草本，高达 13 cm。根状茎分枝细长，顶端有莲座状叶丛。花茎极短，细弱，草质，被白色密茸毛，密生叶。基部叶匙形或线状匙形；中部叶直立或稍开展，边缘平，两面被白色或银白色密茸毛，常褶合；苞叶多数，密集，与茎上部叶同形，基部较急狭。头状花序 3～7 个密集；总苞被白色长柔毛状茸毛；总苞片约 3 层，顶端无毛，超出毛茸之上；小花异形或雌雄异株；花冠长可达 3 mm；雄花花冠上部狭漏斗状；雌花花冠丝状。花果期 7—8 月。

分布： 我国新疆乌恰、若羌、叶城、和田有分布；西藏和青海北部有分布。

生境： 草滩地、盐湖岸和石砾地。

利用价值： 为草滩地的主要植物成分，羊极喜食。

（杨赵平　摄）

312 帕米尔橐吾 *Ligularia alpigena* Pojark.

菊科 Asteraceae　橐吾属 *Ligularia*

形态特征: 多年生草本，高达 60 cm。根肉质，细而多。除花序被有节短柔毛外，其余部分光滑。丛生叶与茎下部叶具柄，紫红色，上部具狭翅，基部鞘状；叶片长圆形或宽椭圆形，边缘具不整齐的齿，基部下延成柄；茎中上部叶与下部叶同形，无柄，半抱茎。总状花序常不分枝，上部密集，下部疏离，9～20 cm；苞片及小苞片线状钻形；总苞钟形或近杯形，总苞片卵形或长圆形；舌状花 5，黄色；舌片倒卵形或长圆形，先端钝；管状花多数。瘦果光滑。花果期 7—9 月。

分布: 我国新疆乌恰、塔什库尔干和昭苏有分布。中亚也有。

生境: 高山山坡及流水线。

利用价值: 根可入药，具有理气活血、止咳祛痰的功效。

（杨赵平　摄）

313 大叶橐吾 *Ligularia macrophylla* (Ledeb.) DC.

菊科 Asteraceae　橐吾属 *Ligularia*

形态特征: 多年生灰绿色草本,高达 170 cm。茎上部及花序被有节短柔毛,下部光滑。丛生叶具柄,柄有狭翅,常紫红色;叶片长圆形或卵状长圆形,缘具波状小齿,下延成柄,两面光滑;茎生叶卵状长圆形至披针形,筒状抱茎或半抱茎。圆锥状总状花序下部有分枝;苞片和小苞片线状钻形;头状花序多数,辐射状;总苞片 2～5 层,倒卵形或长圆形,背部被白色柔毛,内层边缘膜质;舌状花 1～3,黄色,舌片长圆形,管部长约 4 mm;管状花 2～7,伸出总苞。瘦果光滑。花果期 7—9 月。

分布: 我国新疆乌恰、布尔津、乌鲁木齐、和布克赛尔、精河、温泉、霍城、库车有分布。中亚也有。

生境: 河谷水边、芦苇沼泽、阴坡草地。

利用价值: 观赏;保持水土。

（杨赵平　摄）

314 藏短星菊 *Neobrachyactis roylei* (DC.) Brouillet（乌恰新记录）

菊科 Asteraceae　藏短星菊属 *Neobrachyactis*

形态特征：一年生草本，高达 35 cm。茎自基部或上部形成总状或圆锥状短分枝，全株被密具柄腺毛和多数长节毛。叶较密集，基部叶花期凋落或枯萎，倒卵形或倒卵状长圆形，边缘有疏粗锯齿，上部叶渐小。头状花序多数，在茎或枝端排列成总状或总状圆锥花序；总苞半球形；总苞片 2 ～ 3 层，线状披针形，顶端尖或流苏状，紫红色；雌花多数，花冠细管状，无色；两性花花冠管状，无色，檐部狭漏斗状，具短裂片，花全部结实。瘦果长圆状倒披针形。花果期 7—9 月。

分布：我国新疆乌恰、阿克陶、叶城、皮山、和田、和硕、乌鲁木齐、沙湾、博乐、巩乃斯有分布；西藏有分布。印度、巴基斯坦、阿富汗及中亚地区也有。

生境：海拔 500 ～ 2800 m 的河边草地。

利用价值：保持水土。

（杨赵平　摄）

315 假九眼菊 *Olgaea roborowskyi* Iljin（乌恰特有种）

菊科 Asteraceae　猬菊属 *Olgaea*

形态特征：多年生草本，高达 40 cm。茎不分枝，被绵毛成灰白色。叶质地坚硬，革质，上面绿色，无毛，有光泽，下面灰白色，密被绵毛；中部茎叶长椭圆形，羽状半裂或深裂，侧裂片 7 ~ 10 对，边缘有 3 ~ 5 个刺齿，齿顶具淡黄色坚硬针刺；上部叶与中部叶同形。头状花序 3 ~ 8 个在茎顶端集成复头状花序，被稠密而蓬松的长棉毛；茎上部叶腋中有不发育的头状花序；总苞卵形或钟状；总苞片多层，向内渐长；全部苞片边缘有短缘毛；小花紫色。瘦果楔状长椭圆形，有黑色色斑。花果期 7 月。

分布：我国新疆乌恰县分布。

生境：砾石荒漠及山坡。

利用价值：观赏；保持水土。

（杨赵平　摄）

316 皱叶假柄果菊 *Pseudopodospermum inconspicuum* (Lipsch.) Zaika, Sukhor. & N. Kilian（乌恰新记录）

菊科 Asteraceae　假柄果菊属 *Pseudopodospermum*

形态特征： 多年生草本，高达 30 cm。根直伸，圆柱状。茎单生或少数茎成簇生，分枝或不分枝，茎枝被尘状短柔毛和分枝毛。基生叶长椭圆形或宽披针形，叶柄基部鞘状扩大，半抱茎；叶皱波状；中下部茎叶披针形或披针状长椭圆形，上部茎叶小。头状花序生茎枝顶端，成明显或不明显的伞房花序式排列；总苞狭圆柱状；总苞片约 4 层，外层卵形，中内层披针形或长椭圆状披针形，顶端渐尖，边缘白色膜质；舌状小花黄色，干时淡紫色。瘦果圆柱状。花果期 5—8 月。

分布： 我国新疆南部乌恰、北部广布。中亚、西伯利亚也有。

生境： 碎石山坡、戈壁滩、干草原。

利用价值： 观赏；保持水土。

（杨赵平　摄）

317 藏寒蓬 *Psychrogeton poncinsii* (Franch.) Y. Ling & Y. L. Chen（乌恰新记录）

菊科 Asteraceae   寒蓬属 *Psychrogeton*

形态特征： 多年生草本，高达 20 cm。根状茎粗壮，近地面多分枝。茎不分枝，茎、叶和总苞片被疏或密棉毛状绒毛，或有时杂有具柄腺毛。基部叶具柄，倒披针形或倒卵形，边缘具尖锯齿或稍波状；茎生叶倒披针形或线形。头状花序单生于茎端；总苞片 2～3 层，线状披针形，边缘膜质，外层稍短于冠毛；雌花舌状，长于冠毛；舌片金黄色，花后变淡红色或浅紫色，倒卵形；两性花与舌片同色，具 5 齿裂，裂片花后变浅红色或淡紫色；雌花瘦果倒披针形；两性花瘦果线形；花果期 7—8 月。

分布： 我国新疆乌恰、塔什库尔干有分布；西藏有分布。印度、伊朗、阿富汗及中亚地区也有。

生境： 高山荒漠、砾石山坡。

利用价值： 观赏；保持水土。

（杨赵平 摄）

318 灰叶匹菊 *Richteria pyrethroides* Kar. & Kir.（乌恰新记录）

菊科 Asteraceae　灰叶匹菊属 *Richteria*

形态特征： 多年生草本，高达 40 cm。有根状茎。多数茎簇生，少单生，上部不分枝，被极稀疏的弯曲的单毛，上部渐多。基生叶与下部茎叶长椭圆形或线状长椭圆形，二回羽状全裂；茎生叶少数，与基生叶同形，但无柄；全部叶两面绿色或暗绿色，被稀疏弯曲的单毛或几无毛。头状花序单生茎顶，有长花梗；总苞片 3 层，外层披针形，中内层长椭圆形至倒披针形，中外层有稀疏的长单毛，内层无毛；全部苞片边缘黑褐色宽膜质；舌状花白色。瘦果长约 2.5 mm。花果期 7—9 月。

分布： 我国新疆天山山脉。中亚、西伯利亚、伊朗和印度也有。

生境： 山坡砾石处及荒漠石滩处。

利用价值： 观赏；保持水土。

（杨赵平　摄）

319 藏新风毛菊 *Saussurea elliptica* C. B. Clarke

菊科 Asteraceae　风毛菊属 *Saussurea*

形态特征: 多年生草本,高达 8 cm。根状茎细长。茎低矮,密被短柔毛。叶两面被蛛丝状柔毛,下面特别密集,沿缘具浅波状的疏齿,齿端有软骨质的锐尖;基生叶多数似莲座状,长超出花序或与其等长,叶卵形至椭圆形或长圆状披针形,两面灰绿色,具腺点,如蛛网状,基部楔形。头状花序多数,在茎端排列成紧密的伞房状;总苞倒圆锥形到狭钟状,总苞片不等长,不明显的覆瓦状排列,外层和中层总苞片三角状卵形,内层总苞片披针形或披针状长圆形,所有总苞片密被柔毛成毡状;小花粉红色或淡红紫色。瘦果长褐色。花果期 8—9 月。

分布: 我国仅在新疆乌恰分布。中亚、帕米尔高原西部也有。

生境: 高山草甸、冰碛石石隙。

利用价值: 保持水土。

（杨赵平　摄）

320 喀什风毛菊 *Saussurea kaschgarica* Rupr.

菊科 Asteraceae　风毛菊属 *Saussurea*

形态特征: 多年生草本,高达 20 cm。根粗壮,根颈被褐色残存的鞘状叶柄。茎 1 至数个斜升,向上弯曲,稍被短柔毛和稀疏的短硬毛,无翅。叶厚,羽状浅裂至全裂,两面绿色密被短柔毛和短硬毛;基生叶有柄,倒披针形,上部羽状深裂,下部全裂;茎生叶近无柄。头状花序多数,在茎端或茎枝顶端排列成紧密的伞房状;总苞片 4～5 层,覆瓦状排列,向内渐长;总苞片淡绿色,顶端和缘部紫红色;小花淡紫红色,花冠长达 1.6 cm,管部长达 8 mm。瘦果圆柱形。花果期 7—8 月。

分布: 我国仅在新疆乌恰分布。中亚也有。

生境: 高山河滩、山谷出口的碎石堆。

利用价值: 保持水土。

(李攀　摄)

321 污花风毛菊 *Saussurea sordida* Kar. & Kir.（乌恰新记录）

菊科 Asteraceae 风毛菊属 *Saussurea*

形态特征： 多年生草本，高达 100 cm。根粗长，根颈被往年残存的叶柄及其分解纤维。茎单一或分枝，被粗短毛和稀疏的白色长毛。叶两面绿色，质地较厚，常被白色长毛；基生叶和茎下部叶长椭圆形或长圆状卵形，长可达 35 cm，半抱茎；茎中部和上部叶渐小，无柄。头状花序多数可达 13，茎上排列成伞房状圆锥状，具较长花序梗；总苞宽钟状或碗状，被粗短毛和稀疏的白色长毛；总苞片 3 层；外层与内层总苞片近等长或稍短；花冠污紫红色。瘦果圆柱形。花果期 7—8 月。

分布： 我国新疆乌恰、库车、乌鲁木齐、玛纳斯、沙湾、伊宁有分布。中亚也有。

生境： 高山和亚高山草甸砾石质山坡、林下。

利用价值： 保持水土。

（杨赵平　摄）

322 细梗千里光 *Senecio krascheninnikovii* Schischk.（乌恰新记录）

菊科 Asteraceae　千里光属 *Senecio*

形态特征：一年生草本，高达 40 cm。茎自基部或上部分枝，分枝直立或叉状开展，纤细。叶肉质，下部线形，长约 1 cm，向上渐成一回羽状全裂的叶片，长可达 3 cm；叶两面均有长的白色单毛。头状花序排列成聚伞房状，长 3～6 cm，数个至多数，排列成顶生疏伞房花序；花序梗细，长 1.2～2.5 cm；总苞钟状，条形或长圆形，先端渐尖，中脉明显，具窄膜质边缘；舌状花黄色，约 8 花，干时后卷；筒状花多数，黄色。瘦果柱状，淡黄褐色。花果期 6—9 月。

分布：我国新疆乌恰、阿克陶、塔什库尔干、和静、轮台、精河、霍城、新源、托克逊分布；青海和西藏有分布。中亚、阿富汗、印度、巴基斯坦也有。

生境：砂砾山坡、砂地和砾石滩。

利用价值：观赏；保持水土。

（杨赵平　摄）

323 聚头绢蒿 *Seriphidium compactum* (Fisch. ex DC.) Poljakov（乌恰新记录）

菊科 Asteraceae　绢蒿属 *Seriphidium*

形态特征：多年生草本，高达 40 cm。主根明显，根状茎稍粗。茎具多数营养枝，具少数短而向上紧贴的分枝。叶初时被灰白色蛛丝状柔毛，后渐稀疏；下部叶二至三回羽状全裂；中部叶一至二回羽状全裂；上部叶羽状全裂或 3～5 全裂；苞片不分裂，狭线形。头状花序长卵形至卵形，无梗，茎上组成狭窄的短总状花序式的狭圆锥花序；总苞片 4～5 层，外层小，中、内层总苞片略长，边宽膜质或全为半膜质；两性花 3～5，花冠管状，黄色，檐部红色。瘦果倒卵形。花果期 8—10 月。

分布：我国新疆乌恰、阿克陶、塔什库尔干有分布；西北各地及内蒙古也有。西伯利亚和中亚也有。

生境：砾质坡地和半荒漠地区。

利用价值：保持水土。

（杨赵平　摄）

324 帕米尔合耳菊 *Synotis karelinioides* (C.Winkl.) C.Ren, Lazkov & I.D.Illar.

菊科 Asteraceae　合耳菊属 *Synotis*

形态特征： 亚灌木，具有粗大、木质、多分枝的根茎，高达 80 cm。茎多分枝，气生；茎的下部长出许多芽，密被蛛网状毛。茎生叶多，卵形或卵状披针形，沿茎平均分布；叶缘全缘或近全缘。头状花序呈放射状，排列成顶生的复伞房花序基部和近基部具 1～3 个狭倒披针形至线形苞片，总苞片 8，总苞钟形，具疏生外苞片；舌状花黄色，常 3～4 枚；管状花黄色，花药尾状；苞片 4～5，狭倒披针形或线形；总苞片 8，长圆状线形，革质，具狭干膜质边缘，背面无毛；舌状花 3～5，无毛；管状花约 10，黄色，檐部漏斗形；花药尾状。瘦果圆柱形。花果期 7—8 月。

分布： 我国仅在新疆乌恰有分布。吉尔吉斯斯坦也有。

生境： 中高海拔岩石地带。

利用价值： 保持水土。

（杨赵平　摄）

325 新疆匹菊 *Tanacetum alatavicum* Herder（乌恰新记录）

菊科 Asteraceae　菊蒿属 *Tanacetum*

形态特征: 多年生草本，高达 100 cm。茎单生或簇生。基生叶与下部茎叶长椭圆形或倒披针形，二回羽状全裂，叶柄长 4～7 cm；中上部茎生叶与基生叶同形并等样分裂，无柄，花序下部的叶常羽裂或不裂；全部叶被稀疏弯曲的单毛或近无毛，绿色。头状花序 2～5 个排成伞房状；总苞直径达 18 mm，总苞片 4 层，苞片边缘黑褐色，膜质；外层总苞片长披针形，中内层苞片长椭圆形至倒披针形；边缘雌花舌状，白色，舌片长达 16 mm；中央两性花筒状，黄色，长约 3 mm。瘦果三棱状圆柱形。花果期 7—8 月。

分布: 我国新疆乌恰、布尔津、精河、特克斯、和静分布。中亚和西伯利亚也有。

生境: 山地草甸和山坡。

利用价值: 观赏；保持水土。

（杨赵平、李攀　摄）

326 白花蒲公英 *Taraxacum albiflos* Kirschner & Štepanek（乌恰新记录）

菊科 Asteraceae　蒲公英属 *Taraxacum*

形态特征： 多年生草本，高达 10 cm。根颈部被大量黑褐色残存叶基，叶腋无毛。叶基生，条形，无毛，全缘或具少数齿，稀分裂。花葶 1 至数个，无毛或顶端疏被蛛丝状柔毛；总苞钟状，外层淡绿且常带红色，几全膜质，等宽于内层总苞片，无角，少具不明显的小角；内层总苞片绿色，长为外层之 2～2.5 倍，无角或具小角；舌状花白色，花冠无毛或于喉部外面被短柔毛，花柱分枝干时黑色。瘦果淡黄褐色至浅褐色。花果期 6—8 月。

分布： 我国新疆乌恰、塔什库尔干、策勒、和田有分布；甘肃、青海和西藏有分布。欧洲、亚洲的温带地区也有。

生境： 山坡湿润草地、沟谷、河滩草地以及沼泽草甸。

利用价值： 治疗多种炎症；观赏；保持水土。

（杨赵平　摄）

327 深裂蒲公英 *Taraxacum scariosum* (Tausch) Kirschner & Štěpánek
（乌恰新记录）

菊科 Asteraceae　蒲公英属 *Taraxacum*

形态特征: 多年生草本，高达 25 cm。根颈部被少量暗褐色残存叶基，叶基腋内有少量褐色弯曲柔毛。叶长圆形或长圆状线形，羽状深裂至几乎全裂；顶端裂片长戟形，稀三角形；每侧裂片 3～5 片，裂片线形或三角状线形，叶基有时显紫红色。花葶 1～6，长于叶，幼时被绵毛，花时顶端被少量蛛丝状毛，果时几无毛；总苞宽钟状；外层总苞片淡绿常带红紫色，披针状卵圆形至披针形，伏贴，具窄膜质边；内层总苞片先端钝，长为外层总苞片的 1.5～2 倍；舌状花黄色，花冠无毛。瘦果淡灰褐色。花果期 6—8 月。

分布: 我国新疆乌恰、阿勒泰、布尔津、哈巴河分布。东西伯利亚、哈萨克斯坦也有。

生境: 河谷草甸、低山草原。

利用价值: 用于治疗热淋涩痛、湿热黄疸，具有清肝明目的功效。

（杨赵平　摄）

328 无鞘橐吾 *Vickifunkia narynensis* (C. Winkl.) C. Ren, Long Wang, I. D. Illar. & Q. E. Yang（乌恰新记录）

菊科 Asteraceae　无鞘囊吾属 *Vickifunkia*

形态特征： 多年生草本，高达 65 cm。须根肉质，根状茎短。茎被白色的丛卷毛，基部有驼色绒毛及枯叶鞘所成纤维。基生叶及下部茎生叶具柄，基部宽成鞘状；叶片卵状心形至长圆形，边缘具波状齿；叶脉下面被白色丛卷毛。头状花序常 2～8，排列成长聚伞房状，被白色丛卷毛；总苞球形或杯状，总苞片 10～13 枚；舌状花黄色，9～12 花；筒状花多数；雄蕊略高出花冠。瘦果圆柱形，白色或紫褐色，无毛。花果期 5—9 月。

分布： 我国新疆天山山脉及北部山区分布。中亚也有。

生境： 亚高山、高山草原带、林下、山坡、灌丛。

利用价值： 观赏；保持水土。

（杨赵平　摄）

329 五福花 *Adoxa moschatellina* L.（乌恰新记录）

荚蒾科 Viburnaceae　五福花属 *Adoxa*

形态特征： 多年生草本，略有香味，高达 15 cm。根状茎横生，茎单一，纤细，无毛，光滑，有时具长匍匐枝。基生叶 1～3 枚，一至二回三出复叶，小叶宽卵形或圆形，先端钝圆，基部近圆形，边缘具不整齐的圆锯齿，叶柄长 3～6 cm；茎生叶对生，2 枚，三出复叶，小叶常 3 裂。聚伞花序，花绿色或淡黄色，5～7 花成顶生头状；顶生花花萼裂片 2，侧生花的花萼裂片 3；顶生花花冠裂片 4，侧生花花冠裂片 5；顶生花雄蕊 8 枚，花柱 4，侧生花雄蕊 10，花柱 5。核果球形。花果期 6—8 月。

分布： 我国新疆南部乌恰、北部广布；黑龙江、辽宁、河北、山西、青海有分布。北美、欧洲也有。

生境： 亚高山及高山草甸，平原绿洲水边、湿地。

利用价值： 保持水土。

（杨赵平　摄）

330 高山星首花 *Lomelosia alpestris* (Kar. & Kir.) Soják（乌恰新记录）

忍冬科 Caprifoliaceae　星首花属 *Lomelosia*

形态特征： 多年生草本，高达 50 cm。根木质，外皮黑褐色。茎具 2～4 节。基生叶和茎下部叶通常不分裂，叶片披针形；叶柄和叶片近等长或稍长；茎生叶 1～3 对，对生，第 2～3 对叶羽状全裂，侧裂片线状披针形，顶裂片大，披针形。头状花序在总梗顶端单生，开花时径可达 4 cm；总苞苞片线状披针形，密被白色粗硬毛；小总苞长达 10 mm，疏生白色柔毛，边缘具波状牙齿；萼刺刚毛 5 条；花冠玫瑰紫色，外面被皱卷绒毛，裂片近二唇形；雄蕊 4，外伸。瘦果。花果期 5—8 月。

分布： 我国新疆乌恰、霍城、察布查尔、特克斯、昭苏分布。中亚也有。

生境： 高山至高山草甸、针叶林阳坡。

利用价值： 观赏；保持水土。

（杨赵平　摄）

331 异叶忍冬 *Lonicera heterophylla* Decne.

忍冬科 Caprifoliaceae　忍冬属 *Lonicera*

形态特征: 落叶灌木,高达 2.5 m。冬芽具 3 对外鳞片。叶倒卵状椭圆形或椭圆形,顶端尖或突尖,基部渐狭,边缘有短糙毛。总花梗长 3 ～ 4 cm,有棱角,顶端明显增粗;苞片条状披针形,长约为萼筒的 2 ～ 3 倍;小苞片分离,卵形或卵状矩圆形;萼檐具浅齿;花冠唇形,紫红色,外面疏生短糙毛和腺毛,筒部细,具深囊。果实蓝黑色。花果期 6—8 月。POWO 中收录为 *L. webbiana* 的异名,但形态特征与作者所见 *L. webbiana* 有显著差异,有待进一步研究。

分布: 我国新疆天山、帕米尔高原、昆仑山分布。哈萨克斯坦、吉尔吉斯斯坦也有。

生境: 针叶林阳坡、林间阴处、山地草甸草原、河谷、高山草甸。

利用价值: 观赏;保持水土。

(杨赵平　摄)

332 小叶忍冬 *Lonicera microphylla* Willd. ex Roem. & Schult

忍冬科 Caprifoliaceae　忍冬属 *Lonicera*

形态特征: 落叶灌木,高达 3 m。幼枝无毛或疏被短柔毛,老枝灰黑色。叶纸质,倒卵形至矩圆形,下半部脉腋常有趾蹼状鳞腺;叶柄很短。总花梗成对生于幼枝下部叶腋,稍弯曲或下垂;苞片钻形,长略超过萼檐或达萼筒的 2 倍;花冠黄色或白色,唇形,上唇裂片直立,下唇反曲;雄蕊着生于唇瓣基部,花丝有极疏短糙毛。果实红色或橙黄色,圆形。种子淡黄褐色,矩圆形或卵状椭圆形。花果期 5—9 月。

分布: 我国新疆天山、阿尔泰山和塔尔巴哈台山分布;甘肃、宁夏、河北、山西、青海、西藏也有分布。蒙古、阿富汗、中亚、印度、西伯利亚也有。

生境: 山谷间、干旱多石山坡、草地、灌丛中或林缘。

利用价值: 清热解毒,主治温病发热、热毒血痢、痈疽疔毒;观赏;保持水土。

(杨赵平　摄)

333 藏西忍冬 *Lonicera semenovii* Regel

忍冬科 Caprifoliaceae　忍冬属 *Lonicera*

形态特征: 落叶平卧矮灌木,高达 30 cm。枝劲直,小枝细密,节间短,连同叶柄密被肉眼难见的微硬毛和微腺毛;冬芽有 1 对长约 4 mm 的外鳞片。叶小,矩圆形至矩圆状披针形,常具短突尖,基部钝圆或宽楔形,边缘有硬睫毛。总花梗出自幼枝下部叶腋,短小;苞片卵形至卵状矩圆形,顶骤尖,有短缘毛;萼筒无毛,萼齿钝三角形;花冠黄色,长筒状,近整齐,基部有囊状突起,裂片卵形;雄蕊高出花冠筒;花柱无毛。果实红色至橙黄色。花果期 6—8 月。

分布: 我国新疆乌恰、阿克陶、阿图什和塔什库尔干有分布;西藏有分布。阿富汗、伊朗和中亚地区也有。

生境: 砾石山坡、阳坡石缝。

利用价值: 观赏;保持水土。

(杨赵平　摄)

334 权枝忍冬 *Lonicera simulatrix* Pojark.

忍冬科 Caprifoliaceae 忍冬属 *Lonicera*

形态特征： 多分枝密集生灌木，高达 3 m。树冠球形，小枝淡绿色或紫绿色，基部被柔毛，树皮线形纵裂；冬芽长圆形羽状。叶长圆状倒披针形或倒披针形；叶柄上部淡绿色，下部浅蓝灰色，被细毛或细睫毛。花序轴稍长或 1.5 倍长于叶片，光滑无毛或具稀细毛；苞片锥状，约 1.5 倍长于或等于子房；苞片被细毛或睫毛；花萼短，全缘或微 5 裂；花冠管状漏斗形黄白色，外褶带红色，基部具钟状突起物；雄蕊着生于花管部宽处。浆果熟时黑色。花果期 7—8 月。POWO 中收录为 *L. microphylla* 的异名，但形态特征与作者所见 *L. microphylla* 有显著差异，有待进一步研究。

分布： 我国新疆乌恰、乌什、昭苏分布。中亚伊朗、塔吉克斯坦、阿富汗也有。

生境： 云杉林下、林缘、河谷灌丛，山地草原。

利用价值： 观赏；保持水土。

（杨赵平 摄）

335 华西忍冬 *Lonicera webbiana* Wall. ex DC.（乌恰新记录）

忍冬科 Caprifoliaceae　忍冬属 *Lonicera*

形态特征：忍冬科忍冬属的落叶灌木，高可达 4 m。幼枝常秃净或散生红色腺，老枝具深色圆形小凸起。冬芽外鳞片顶突尖，内鳞片反曲。叶纸质，叶片卵状椭圆形至卵状披针形，两面有疏或密的糙毛及疏腺毛；苞片条形，小苞片甚小，卵形至矩圆形；萼齿微小；花冠紫红色或绛红色，唇形；雄蕊长约等于花冠，花丝和花柱下半部有柔毛。果实先红色后转黑色，圆形，种子椭圆形。花果期 5—9 月。

分布：我国新疆乌恰有分布；西北、山西、江西、湖北、四川、云南和西藏也有。欧洲东南部、阿富汗至不丹也有。

生境：林中或高山灌木林。

利用价值：观赏；保持水土。

（杨赵平　摄）

336 中败酱 *Patrinia intermedia* (Horn.) Roem. & Schult.

忍冬科 Caprifoliaceae　败酱属 *Patrinia*

形态特征： 多年生草本，高达 55 cm。根状茎粗厚肉质。基生叶丛生，与不育枝的叶具短柄或较长；花茎的基生叶与茎生叶同形，长圆形至椭圆形，一至二回羽状全裂，裂片近圆形至线状披针形；上部叶裂片全缘。聚伞花序组成顶生圆锥花序或伞房花序；萼齿不明显，呈短杯状；花冠黄色，钟形，裂片椭圆形至卵形；雄蕊 4，花丝不等长；柱头头状或盾状。瘦果长圆形；果苞卵形、卵状长圆形或椭圆状长圆形，网脉具 3 主脉。花果期 6—9 月。

分布： 我国新疆阿尔泰山、伊犁地区及天山一带分布。蒙古、俄罗斯、哈萨克斯坦、吉尔吉斯斯坦也有。

生境： 山地草原至高山草甸草原、针叶林阳坡、砾石山坡、灌丛。

利用价值： 根部入药，治妇女痛经、赤白带；观赏；保持水土。

（杨赵平、李攀 摄）

337 新疆缬草 *Valeriana fedtschenkoi* Coincy

忍冬科 Caprifoliaceae　缬草属 *Valeriana*

形态特征： 多年生草本，高达 25 cm。根状茎细柱状，顶端略被纤维状叶鞘，有多数须根。茎无毛。基生叶 1～2 对，近圆形，顶端圆或钝三角形；茎生叶靠基部的 1～2 对与基生叶同型，上面一对为大头状羽裂，边缘具疏钝锯齿，侧裂片 1～2 对，窄条形。聚伞花序顶生，初为头状，后渐疏长，小苞片线状、钝头、边缘膜质，略短于成熟的果；花粉红色，花冠裂片长方形，为花冠长度的 1/3；雌雄蕊与花冠等长，花开时伸出花冠外。瘦果卵状椭圆形，光秃。花果期 6—8 月。

分布： 我国新疆天山、帕米尔高原、阿尔泰山有分布。俄罗斯和中亚也有。

生境： 山地草原至高山草原。

利用价值： 观赏；保持水土。

（杨赵平、李攀　摄）

338 缬草 *Valeriana officinalis* L.（乌恰新记录）

忍冬科 Caprifoliaceae　缬草属 *Valeriana*

形态特征： 多年生草本，高可达 150 cm。根状茎粗短呈头状，须根簇生。茎中空，有纵棱，被粗毛，尤以节部为多，老时毛少。基部叶花期常凋萎；茎生叶卵形至宽卵形，羽状深裂，裂片 7～11；中央裂片与两侧裂片近同形同大小，裂片披针形或条形，基部下延，两面及柄轴多少被毛。花序顶生，伞房状 3 出聚伞圆锥花序；小苞片中央纸质，两侧膜质，长椭圆状圆形，先端芒状突尖；花冠淡紫红色或白色，花冠裂片椭圆形。瘦果长卵形，基部近平截。花果期 5—10 月。

分布： 我国新疆乌恰、额敏、尼勒克、新源、昭苏、石河子和和静有分布；东北至西南山地也有。亚洲西部和欧洲也有。

生境： 山地草原、亚高山草甸、林缘、灌丛、河谷。

利用价值： 根茎及根部入药，可驱风、镇痉、治跌打损伤、补脑、安神、补胃、补肝、调经；保持水土。

（杨赵平　摄）

339 三小叶当归 *Angelica ternata* Regel & Schmalh

伞形科 Apiaceae　当归属 *Angelica*

形态特征: 多年生草本，高达 80 cm。根单一，圆柱形，粗大，土棕色，具细密横纹，有香气。茎通常单一，有细沟纹。基生叶及茎生叶为三出式，二至三回羽状复叶，叶柄基部具长卵状叶鞘；叶片轮廓为阔三角形，小叶 3～5，宽卵形基部心形至楔形，边缘有不规则的浅齿。复伞形花序，无总苞片；小伞形花序有花 15～25；小总苞片 6～8，披针形，反卷，与花柄近等长；花瓣白色或黄绿色，卵形，顶端内折。果实长圆状椭圆形，淡褐色，果棱具翅，侧棱翅较宽，每个棱槽中油管 1，合生面油管 2。花果期 6—8 月。

分布: 我国新疆乌恰、阿克陶、阿图什、塔什库尔干有分布。中亚也有。

生境: 干草甸、高山、阴湿岩缝、灌丛及山溪附近，海拔 3143 m。

利用价值: 保持水土。

（杨赵平　摄）

340 三辐柴胡 *Bupleurum triradiatum* Adams ex Hoffm.

伞形科 Apiaceae 柴胡属 *Bupleurum*

形态特征: 多年生草本，高达 10 cm。主根明显，向上分叉多头；根颈上残存有枯叶柄。茎 1～3 条，有浅棱槽，灰蓝色，有 1～2 个短分枝。叶灰蓝色或淡蓝色，沿缘有淡黄白色的窄边；基生叶线形至线状披针形；茎生叶披针形至长圆状卵形。复伞形花序生于茎或茎枝顶端；伞幅通常 3 个，近等长；总苞片 1～3 枚，形似茎上部叶；小总苞片 5～8 枚；小伞形花序有花 15～25；花瓣卵形，灰黑色或灰蓝色。果实长圆状椭圆形，果棱丝状尖锐突起，沿缘有窄翅，每个棱槽内油管 1～3，合生面油管 2～4。花果期 7—9 月。

分布: 我国新疆乌恰、温宿、和静、和硕分布；青海、西藏和四川有分布。俄罗斯、蒙古及中亚也有。

生境: 高山带和亚高山带草甸的砾石质山坡以及带砾石的冲积平原。

利用价值: 根可入药，具有疏肝解郁、解热镇痛、解疮毒的功效；保持水土。

（杨赵平 摄）

341 葛缕子 *Carum carvi* L.

伞形科 Apiaceae　葛缕子属 *Carum*

形态特征： 二至多年生草本，高达 70 cm，全株无毛。根纺锤形或圆柱形。茎单一，有细棱，中空且分枝。基生叶和茎下部叶有长柄，基部扩展成鞘，鞘边缘膜质；叶片长圆状披针形，二至三回羽状分裂，一回羽片 5～7 对，卵状披针形，无柄；茎中部和上部叶与基生叶同形，较小。复伞形花序顶生和腋生，伞幅 5～13 个，不等长，常无总苞片；小伞形花序有花 5～15 朵，无小总苞片；花杂性；花瓣白色或带淡红色。果实长卵形，成熟后黄褐色，果棱钝，突起，每个棱槽中油管 1，合生面油管 2。花果期 6—8 月。

分布： 我国新疆山区广布；西北、东北、华北、西藏及四川西部也有。欧洲、地中海地区、俄罗斯、蒙古、中亚、阿富汗、巴基斯坦也有。

生境： 山间草甸、山坡草地、山谷水边、河滩草甸及林缘、路旁。

利用价值： 果实和种子可入药，具有祛风理气的功效，用于治疗胃痛、腹痛、疝气、风湿关节痛、感冒、头痛、寒热无汗。

（杨赵平　摄）

342 新疆绒果芹 *Eriocycla pelliotii* (H. Boissieu) H. Wolff

伞形科 Apiaceae　绒果芹属 *Eriocycla*

形态特征： 多年生草本，高达 40 cm。根圆柱形，粗，根颈分叉，多头。茎多分枝，基部被覆瓦状排列的枯叶鞘围绕。基生叶和茎下部叶有柄，1 回羽状全裂；茎中部几无叶，上部叶简化成苞片状。复伞形花序生于茎枝顶端，伞幅 3 ～ 10，不等长，粗糙被短毛；总苞片 2 ～ 5，钻形，边缘窄膜质；小伞形花序有花 10 ～ 20，花梗不等长；小总苞片 4 ～ 7，与总苞片同形；花黄色或淡黄色；花瓣卵形或椭圆形，背面密被长柔毛。果实长卵形，密被长柔毛；果棱丝状稍突起；每个棱槽中油管 1，合生面油管 2。花果期 6—8 月。

分布： 我国新疆天山南坡各地及塔什库尔干、策勒和皮山分布。吉尔吉斯斯坦、塔吉克斯坦也有。

生境： 石质和砾石质山坡、洪积扇上，以及河谷石隙中。

利用价值： 保持水土。

（杨赵平　摄）

343 宽叶臭阿魏 *Ferula foetidissim* Regel & Schmalh.（中国仅在乌恰有分布）

伞形科 Apiaceae　阿魏属 *Ferula*

形态特征：多年生一次结果草本，高达 2 m，全株有强烈葱蒜样臭味。根圆柱形或纺锤形，粗壮。茎单一，粗壮，向上渐细。叶质较厚，上面淡绿色，光滑无毛，下面灰色密被短柔毛；基生叶三回羽状全裂，末回裂片长达 12 cm，长圆状披针形，顶端圆形，沿缘具圆状齿；茎生叶向上渐小。复伞形花序生于茎枝顶端，伞幅 25～50 cm，近等长，无总苞片；侧生花序梗超出中央花序；小伞形花序有花 15；花瓣黄色。果实椭圆形，果背棱和中棱明显突起，侧棱增宽成狭翅；每个棱槽内油管 1，合生面油管为 6，侧棱油管 4～6。花果期 5—7 月。

分布：我国新疆乌恰、喀什分布。中亚也有。

生境：山谷碎石和砾石质山坡及谷地冲沟边。

利用价值：《塔吉克斯坦药用植物资源与利用》记载在塔吉克斯坦用作药材，药用功能不明。

（杨赵平、李攀　摄）

344 短尖藁本 *Ligusticum mucronatum* (Schrenk) Leute

伞形科 Apiaceae　藁本属 *Ligusticum*

形态特征: 多年生草本,高达 80 cm。根多分叉;根颈密被纤维状枯萎叶鞘。茎单生或多条簇生。基生叶具长柄;叶片轮廓长圆形,羽片 5 ~ 7 对,长圆状卵形,边缘及背面脉上具糙毛,羽片浅裂至深裂,裂片具短尖头;茎生叶少数,向上渐简化。复伞形花序顶生或侧生;总苞片少数,线形,边缘白色膜质;伞辐 15 ~ 32,果期常外曲;小总苞片 5 ~ 10,线状披针形;花瓣白色,倒卵形,先端具内折小舌片。分生果背腹扁压,长圆状卵形,背棱突起,侧棱扩大成翅;每棱槽内油管 1 ~ 2,合生面油管 4。花果期 7—10 月。

分布: 我国新疆南部阿图什、乌恰、塔什库尔干、策勒、和田分布;新疆北部广布。中亚也有。

生境: 海拔 1700 ~ 3300 m 的山坡、谷地、林下。

利用价值: 优良饲草;保持水土。

(杨赵平　摄)

345 白花苞裂芹 *Schulzia albiflora* (Kar. & Kir.) Popov

伞形科 Apiaceae　苞裂芹属 *Schulzia*

形态特征: 多年生草本,高达 30 cm。根颈有暗褐色残存叶鞘。茎通常不发育,由基部发出多数斜升的枝或同时有短缩的茎。基生叶有柄,叶片轮廓长圆形,3 回羽状全裂,末回裂片披针状线形或线形,无毛;茎和枝上的叶少,与基生叶相似,常有 2 片近对生。复伞形花序多数;伞辐 10 ~ 20,不等长;总苞片多数,2 回羽状分裂,末回裂片线形或毛发状;小伞形花序有多数花,小总苞片与总苞片相似,较小;花瓣白色,顶端微凹。分生果长圆状卵形,果棱钝状突起;每个棱槽内油管 3 ~ 4,合生面油管 6 ~ 8。花果期 7—8 月。

分布: 我国新疆天山山脉及北部山区分布。中亚及印度、巴基斯坦、阿富汗也有。

生境: 高山带和亚高山带的碎石堆中及高山和亚高山草甸的山坡。

利用价值: 保持水土。

（杨赵平　摄）

346 大叶四带芹 *Tetrataenium olgae* (DC.) Manden.

伞形科 Apiaceae　四带芹属 *Tetrataenium*

形态特征： 多年生草本，高达 120 cm。根颈增粗，木质化，存留有枯鞘纤维；茎单一，有棱槽，被硬毛，中空，从中部向上分枝；基生叶有长柄，叶鞘广椭圆形或披针形，粗糙有毛；叶片轮廓为卵形或广卵形，羽状浅裂，基部微缺，淡绿色，比较厚，上表面近光滑，下表面叶脉突起，密被短柔毛或绒毛；茎上部叶较小。复伞形花序生于茎枝顶端，通常无总苞片；小伞形花序有花 20～25，花有长柄，密被腺状毛；小总苞片线状披针形，与花期的小伞形花序等长；花瓣淡黄色，倒卵形，顶端锐尖，向内弯曲。分生果广椭圆形或近圆形，背部扁平，顶端微缺，被毛；背部 3 条棱急剧突起呈龙骨状，侧棱宽翅状，每个棱槽内油管 1。

分布： 我国仅新疆乌恰分布。阿富汗、塔吉克斯坦、乌兹别克斯坦也有。

生境： 山前戈壁、砾石质山坡。

利用价值： 观赏；保持水土。

（杨赵平　摄）

参考文献

《全国中草药汇编》编写组. 全国中草药汇编下册第二版 [M]. 北京：人民卫生出版社，1996.

《中国植物志》编辑委员会. 中国植物志：1—80 卷 [M]. 北京：科学出版社，1959—2004.

Zheng yi Wu, Peter H. Raven. Flora of China: 1–25[M]. Beijing: Science Press of China & St. Louis: Missouri Botanical Garden Press. 1994—2013.

安兴林，陈淑英. 红果小檗、鞑靼葱冬等野生花灌木引种繁育技术研究 [J]. 农村科技，2009(9)：30–31.

巴哈尔古丽·黄尔汗，徐新. 哈萨克药志：第 2 卷 [M]. 北京：中国医药科技出版社，2012.

陈默君，贾慎修. 中国饲用植物 [M]. 北京：中国农业出版社，2002.

陈士林. 中华医学百科全书 [M]. 北京：中国协和医科大学出版社，2018.

程轩轩，杨全，黄璐琦. 波兰常用草药图谱 [M]. 广州：羊城晚报出版社，2020.

大丹增. 中国藏药材大全 [M]，北京：中国藏学出版社，2016.

帝马尔洗，丹增彭措. 晶珠本草 [M]. 上海：上海科学技术出版社，1989.

嘎玛群培. 甘露本草明镜 [M]. 拉萨：西藏人民出版社，2014.

甘肃省革命委员会卫生局. 甘肃中草药手册 [M]. 兰州：甘肃人民出版社，1959.

国家中医药管理局《中华本草》编委会. 中华本草 [M]. 上海：上海科技大学出版社，1999.

胡同瑜. 实用中药品种鉴别 [M]. 北京：人民军医出版社，2011.

湖北省药品监督管理局. 湖北省中药材质量标准 [M]. 北京：中国医药科技出版社，2019.

江纪武. 药用植物辞典 [M]. 天津：天津科学技术出版社，2005.

江苏省植物研究所. 新华本草纲要 [M]. 上海：上海科学技术出版社，1991

金有录，鲁光祖，姚景才. 临夏本草图录（下）[M]. 兰州：甘肃科学技术出版社，2018.

敬松，刘秋琼. 昭苏亚高原野生药用植物图谱 [M]. 北京：中国中医药出版社，2019.

李贵兴. 新编中兽医学 [M]. 济南：山东科学技术出版社，2012.

李文华，旭日干．中国自然资源通典，天然药物卷 [M]. 呼和浩特：内蒙古教育出版社，2015.
林余霖．本草纲目原色图谱 800 例（Ⅱ）[M]. 北京：华龄出版社，2020.
刘圆．中国民族药物学概论 [M]. 成都：四川民族出版社，2007.
蒲开夫，朱一凡，李行力．新疆百科知识辞典 [M]，西安：陕西人民出版社，2008.
冉先德．中华药海 [M]. 哈尔滨：哈尔滨出版社．1993.
王润青，邵红雨，刘毛，等．喀什小檗温室播种育苗技术 [J]. 现代农业科技．2019(16)：133–138.
王占林，郑淑霞，马玉林，等．红砂属树种资源及其育苗造林技术 [J]. 林业科技，2012(4)：34–36.
吴仪洛．本草从新 [M]. 北京：中国中医药出版社，2013.
夏丽英，马明．现代中药毒理学 [M]. 天津：天津科技翻译出版公司，2005.
夏丽英．中药毒性手册 [M]. 呼和浩特：内蒙古科学技术出版社，2006.
新疆部队后勤部卫生部．新疆中草药手册 [M]. 乌鲁木齐：新疆人民出版社，1970.
新疆生物土壤沙漠研究所．新疆药用植物志 [M]. 乌鲁木齐：新疆人民出版社，2010.
新疆维吾尔自治区革命委员会卫生局．新疆中草药 [M]. 乌鲁木齐：新疆人民出版社，1976.
新疆植物志编辑委员会．新疆植物志：1—6 卷 [M]. 乌鲁木齐：新疆科学技术出版社，1992—2011.
许琨编，萧今．滇西北药用植物图册 [M]. 昆明：云南科学技术出版社，2022.
许彦斌．喝到 110 岁的健康茶饮 [M]. 北京：机械工业出版社，2013.
严仲铠．中华食疗本草 [M]. 北京：中国中医药出版社，2018.
杨振伟．酒泉中药材 [M]. 兰州：甘肃文化出版社，2014.
泽仁旺姆尼珍，米玛潘多．藏药材——白花秦艽的育苗技术 [J]. 西藏科技，2009(10)：73–74，77.
曾光，张萌，刘阳，等．银莲花属植物研究现状 [C]//2013 全国中药与天然药物高峰论坛暨第十三届全国中药和天然药物学术研讨会论文集，2013.
张凤娇译．本草纲目 [M]. 北京：北京联合出版公司，2015.
张军．西伯利亚花楸应用价值及栽培 [J]. 中国林副特产，2016(5)：52–53.
张生璞．红花岩黄芪的人工驯育技术 [J]. 防护林科技，2012(5)：115–115，126.
张淑梅．辽宁植物（中）[M]. 沈阳：辽宁科学技术出版社，2021.
张文杰．彩色图解神农本草经 [M]. 广州：广东科技出版社，2019.

张彦龙.俄罗斯远东地区药用植物 [M].哈尔滨，黑龙江大学出版社，2008.

赵柄柱.张重岭，李旻辉.内蒙古大兴安岭中药资源图志（第 1 册）[M].福州：福建科学技术出版社，2017.

赵炳柱.中国中药资源大典内蒙古大兴安岭中药资源图志（增补卷）[M].福州：福建科学技术出版社，2021.

赵学敏.本草纲目拾遗 [M].北京：中医古籍出版社，2017

中国科学院甘肃省冰川冻土沙漠研究所沙漠研究室.中国沙漠地区药用植物 [M].兰州：甘肃人民出版社，1973.

中国药材公司.中国中药资源志要 [M]，北京：科学出版社，1994.

朱亚民，内蒙古植物药志（第 2 卷）[M].呼和浩特：内蒙古人民出版社，1989.

朱有昌.东北药用植物 [M].哈尔滨：黑龙江科学技术出版社，1989.

朱忠华，任德全，罗超.草木犀药材的生药学研究 [J].中国药房，2017, 28(36): 5136–5139.

索 引

A

B